Inhaltsverzeichnis

Stefan Galler

Luftverschmutzung in urbanen Räumen

Analyse und Ansätze für eine nachhaltige Lösung

Bibliografische Information der Deutschen Nationalbibliothek:

Die Deutsche Nationalbibliothek verzeichnet diese Publikation in der Deutschen Nationalbibliografie; detaillierte bibliografische Daten sind im Internet über http://dnb.d-nb.de abrufbar.

Impressum:

Copyright © 2017 Studylab

Ein Imprint der GRIN Verlag, Open Publishing GmbH

Druck und Bindung: Books on Demand GmbH, Norderstedt, Germany

Coverbild: GRIN | Freepik.com | Flaticon.com | ei8htz

Abstrakt

Die vorliegende Studie untersucht den aktuellen Zustand der Luftqualität in urbanen Räumen mit Schwerpunkt auf Europa, den USA und der Volksrepublik China. Die Analyse beschränkt sich dabei auf die zurzeit problematischsten Luftschadstoffe Feinstaub, Stickstoffdioxid und Ozon. Es werden die Grenzwerte die in Europa, den USA und der Volksrepublik China gelten dargestellt und mit den Richtlinien der WHO verglichen um Abweichungen aufzuzeigen. Mit Hilfe von Studienergebnissen sollen die Auswirkungen der Luftschadstoffe auf die menschliche Gesundheit näher beleuchtet werden. Zum Abschluss werden Maßnahmen präsentiert, wie man das Problem der Luftverschmutzung in urbanen Räumen in den Griff bekommen kann.

Die Ergebnisse zeigen, dass die Luftschadstoffwerte in urbanen Räumen immer noch in einem Bereich liegen, wo sie negative Auswirkungen auf die Gesundheit der städtischen Bevölkerung haben. Die Feinstaubbelastung ist am höchsten im Mittleren Osten, wohingegen in Europa und in den Vereinigten Staaten die Richtwerte der WHO nur minimal überschritten werden. Beim Luftschadstoff Stickstoffdioxid sind Rückgänge in Europa und den USA zu verzeichnen. Die Konzentrationen sind aber nach wie vor zu hoch. Maßnahmen wie City Maut, Tempolimits, Begrünung der Dächer und spezielle photokatalytische Asphaltbeläge zeigen zwar Wirkung in der Luftschadstoffreduktion, deren Effektivität ist aber noch nicht ausreichend.

Abstract

The present study examines the current state of air quality in urban areas with an emphasis on Europe, the US and the People's Republic of China. The analysis is limited to the currently most problematic air pollutants particulate matter, nitrogen dioxide and ozone. The air quality limits of europe, the US and the People's Republic of China will be presented and compared with the guidelines of the world health organisation to show the differences. The effects of air pollutants on human health are presented by means of study results and conclusions are shown, on how to tackle the problem of air pollution in urban areas.

The results show that the concentrations of air pollutants are still lying in a range where they can harm the health of the urban population. The exposure to particular matter is highest in the Middle East, while in Europe and the United States, the WHO guidelines are only minimally exceeded. The air pollutant nitrogen dioxide is declining in Europe and the United States. However, the concentrations are still too high. Although actions to limit air pollution, such as congestion charging, speed limits, greening of roofs and special photocatalytic street pavements have an effect on the air pollution reduction, their effectiveness is not yet sufficient enough.

Abbildungsverzeichnis

Tabellenverzeichnis

1 Einleitung

Die stetig wachsende Weltbevölkerung und die rasant ansteigende Urbanisierung tragen zu erhöhten Umweltbelastungen bei. Ein negativer Aspekt dieser modernen Entwicklung ist die Verschmutzung der Luft durch Luftschadstoffe. Sie stellt besonders in urbanen Gebieten ein Problem für die Gesundheit der Menschen dar und verursacht zusätzliche Kosten für das Gesundheitssystem. Die Menschen, die in Städten und Ballungszentren leben, können sich gegen die negativen Auswirkungen der Luftschadstoffe nicht schützen und haben keine andere Möglichkeit, als mit jedem Atemzug die mit Schadstoffen belastete Luft einzuatmen. Dies führt zu gesundheitlichen Einbußen und damit zu einer geringeren Lebensqualität.

Wie negativ sich die Verschmutzung der Luft in urbanen Gebieten auf die menschliche Gesundheit auswirkt konnte man beispielsweise bei der Smog Katastrophe in London im Dezember 1952 sehen. Während einer Nebelperiode traten stark erhöhte Schwefeldioxid und Ruß Konzentrationen in der Luft auf. Dieser starken Belastung der Luft fielen mehrere tausend Menschen zum Opfer.

Auf globaler Ebene besteht, neben den urbanen Räumen im Mittleren Osten, in China der größte Handlungsbedarf. Hier erreichen beispielsweise die Feinstaubkonzentrationen Rekordwerte. Die Luft ist in den chinesischen Metropolen zeitweise so belastet, dass es für die Bevölkerung nicht möglich ist, sich im Freien aufzuhalten ohne gesundheitliche Konsequenzen. Im Vergleich dazu hat sich in Europa die Luftqualität seit der Zeit der Industrialisierung deutlich gebessert. Dennoch gibt es in den urbanen Räumen Europas des Öfteren Überschreitungen der von der EU festgelegten Grenzwerte.

Auf den folgenden Seiten soll nun näher auf das Problem der Luftverschmutzung in urbanen Gebieten eingegangen werden. Da die Stadt ein spezielles Klima aufweist, das sich vom Umland unterscheidet, wird zuerst der Frage nachgegangen, wie das Klima der Stadt die Luftverschmutzung beeinflusst. Nach einer Darstellung der Auswirkung der in der Luft vorkommenden Schadstoffe auf die menschliche Gesundheit und der Vorstellung der wichtigsten Luftschadstoffe folgt eine detaillierte Analyse der gegenwärtigen lufthygienischen Situation weltweit mit Schwerpunkten in China, Europa und den USA. Anschließend wird näher auf die räumlichen Auswirkungen der Luftverschmutzung eingegangen, insbesondere der Transport der Schadstoffe über weite Distanzen.

Im zweiten Teil der Studie sollen Lösungen und Maßnahmen aufgezeigt werden, die geplant oder bereits umgesetzt worden sind um das Problem der Luftverschmutzung in den Griff zu bekommen. Zudem soll analysiert werden, wie sich urbanes Grün auf die Verschmutzung der Luft auswirkt. Es folgt eine Diskussion der Ergebnisse mit einer anschließenden Zusammenfassung.

1.1 Fragestellungen

Die nachfolgende Studie orientiert sich an folgenden Fragestellungen:

- Wie ist der aktuelle Zustand der Luftqualität in urbanen Räumen weltweit, besonders in Europa, den Vereinigten Staaten und der Volksrepublik China?

- Werden die Grenzwerte eingehalten?

- Wie stark sind die gesundheitlichen Auswirkungen auf die Menschen, die in urbanen Räumen den erhöhten Luftschadstoffkonzentrationen ausgesetzt sind?

- Welche Möglichkeiten gibt es, die Luftqualität in urbanen Räumen zu verbessern?

1.2 Zielsetzung

Folgende Vorgehensweisen sollen die oben angeführten Fragestellungen beantworten:

- Vergleich der Luftschadstoffgrenzwerte der Länder mit den Richtlinien der WHO, um etwaige Differenzen darzustellen

- Aufzeigen der gesundheitlichen Konsequenzen einzelner Schadstoffe mit Hilfe von Studienergebnissen

- Analyse der weltweiten Luftbelastung in urbanen Räumen durch Studien, Beschränkung auf die drei wichtigsten Schadstoffe Feinstaub, Stickstoffdioxid und Ozon

- Lösungen und Maßnahmen zu diskutieren, die bereits umgesetzt worden sind und die Effektivität dieser darzustellen

2 Urbanes Klima

Das modifizierte Klima urbaner Räume beeinflusst die Konzentration und Verbreitung von Luftschadstoffen sehr stark. In diesem Kapitel wird deshalb die veränderte klimatische Situation in urbanen Räumen kurz dargestellt. Der Schwerpunkt liegt hierbei auf den veränderten Luftströmungsverhältnissen. Sie haben wohl den größten Einfluss auf die lufthygienische Situation im urbanen Raum.

2.1 Allgemeines zum urbanen Klima

Urbane Räume unterscheiden sich in der Regel sehr stark voneinander und weisen Unterschiede in Größe, Struktur und Bauweise auf. Man kann daher nicht von einem einheitlichen urbanen Klima sprechen, das allgemein gültig ist. Vielmehr bildet jeder urbane Raum ein individuelles Klima aus, das sich von seinem Umland unterscheidet. Das urbane Klima ist sehr anfällig gegenüber Veränderungen in der Struktur des Raumes. So kann beispielsweise eine Änderung der Infrastruktur das Klima der Stadt erheblich beeinflussen (KOMMISSION REINHALTUNG DER LUFT 1988: 4).

Einer der wichtigsten Unterschiede zwischen dem Klima des urbanen Raums und dem des Umlandes ist die im urbanen Raum auftretende höhere Lufttemperatur. Dieser Effekt wird allgemein als „Urban Heat Island" bezeichnet. Beschrieben wurde die städtische Wärmeinsel erstmals vor 150 Jahren für London (HELBIG & BAUMÜLLER 1999: 32). Sie tritt hauptsächlich bei ruhigem sommerlichen Strahlungswetter in der Nacht auf (HUPFER & KUTTLER 2005: 389). Im Laufe des Vormittags gleicht sich die Lufttemperatur des Umlandes immer mehr dem urbanen Raum an. Zu Mittag sind kaum noch Temperaturdifferenzen festzustellen (vgl. Abbildung 1).

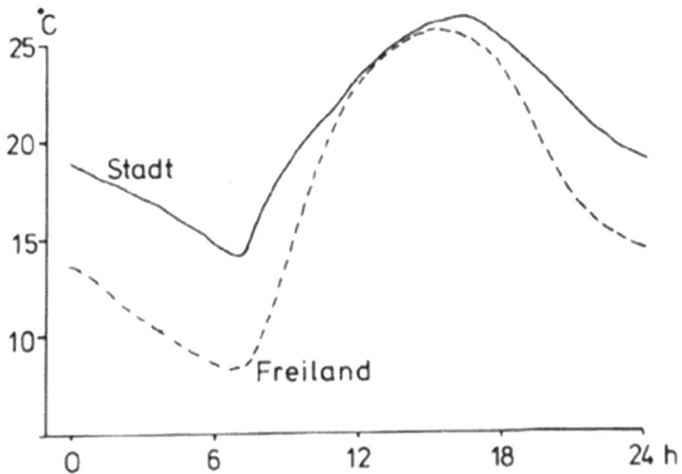

Abbildung 1: Temperaturdifferenz urbaner Raum und Umland (Puebla/Mexiko)

Quelle: Gab G. o.J.

Wie im nächsten Kapitel (2.2.) noch näher beschrieben wird, wirkt sich die städtische Wärmeinsel auf die Luftströmungsverhältnisse zwischen Stadt und Umland aus. Der Flurwind der durch Luftdruckdifferenz zwischen Stadt und Umland entsteht, ist umso ausgeprägter, je größer der Temperaturunterschied zwischen Stadt und Umland ausfällt.

Ausschlaggebend für die höhere Lufttemperatur im urbanen Raum im Vergleich zum Umland sind folgende Faktoren (HUPFER & KUTTLER 2005: 372):

- Stadtgröße
- Einwohnerzahl
- Art der urbanen Flächennutzungstypen
- Urbane Topografie
- Versiegelungsgrad des Bodens
- Intensität der dreidimensionalen urbanen Strukturierung
- Art und Stärke von Luftbeimengungen
- Fühlbare und latente Abwärme aus technischen Prozessen

2.2 Windverhältnisse und Luftaustausch

Für die Ausbreitung von Luftschadstoffen sind in erster Linie die Windverhältnisse und der Luftaustausch von Bedeutung. Eine gute Durchlüftung wirkt sich stets positiv auf die Luftqualität der Stadt aus. Nun findet man aber in der Stadt bedingt durch die dichte Bebauung lokal sehr unterschiedliche Windverhältnisse vor (vgl. Abbildung 2).

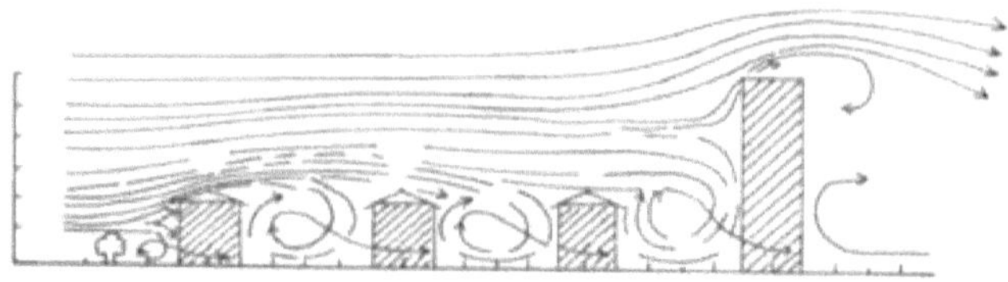

Abbildung 2: Luftzirkulation im urbanen Gebiet

Quelle: Malberg 2002: 395

Entscheidend für die Ausprägung kleinräumiger Windsysteme ist in erster Linie die Struktur der Stadt. Anordnung und Höhe von Gebäuden oder Freiflächen in Form von Stadtparks sind alle an der Ausbildung eines individuellen städtischen Windsystems mitverantwortlich und somit auch an der Ausbreitung von Luftschadstoffen. In urbanen Räumen kommt es bedingt durch die Stadtstruktur zu 10% bis 30% geringeren Windgeschwindigkeiten als im Umland mit den damit verbundenen Folgen für den Luftaustausch und den Abtransport von Luftschadstoffen (KOMMISSION REINHALTUNG DER LUFT 1988: 50).

2.2.1 Beeinflussung des städtischen Windfeldes durch Oberflächenrauheit

Ein wichtiger Faktor, der das städtische Windfeld beeinflusst, ist die aerodynamische Rauheit der bebauten Flächen. Diese Rauheit sorgt für einen verminderten Austausch von Luftmassen und einen verringerten Abtransport von Luftschadstoffen und trägt dazu bei, dass bis zu 500 Meter über Grund Veränderungen im Windfeld nachweisbar sind. Besonders ausgeprägt ist dieser Zustand in Städten, die in Tallagen liegen. Straßenschluchten, die Tallagen im mikroklimatischen Bereich darstellen, leiden ebenfalls besonders unter diesen austauscharmen klimatischen Bedingungen. So kann man verallgemeinernd sagen, dass der urbane Raum mit seiner von Stadt zu Stadt unterschiedlichen Struktur ein Wind- bzw. Strömungshindernis darstellt (HENNINGER 2011: 84f).

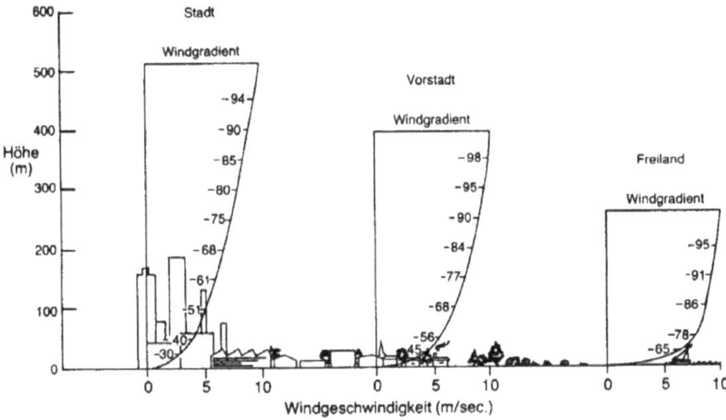

Abbildung 3: Windgradient im urbanen Raum und im Umland

Quelle: Kommission Reinhaltung der Luft 1988: 46

Abbildung 3 zeigt die Unterschiede des Windprofils in Abhängigkeit zur Oberflächenrauheit für den urbanen Raum, suburbanen Raum und den ländlichen Raum. Es fällt auf, dass die Windgeschwindigkeit über dem Freiland in vergleichbarer Höhe höher ist als im urbanen und suburbanen Raum. Die durch die erhöhte Bodenrauheit im urbanen Raum verursachte geringere Windgeschwindigkeit hat negative Auswirkungen auf die lufthygienische Situation der Stadt durch den verminderten Abtransport der Schadstoffe (BAUMBACH 1994: 76).

2.2.2 Stadtatmosphäre und Windfeld

Man teilt die Stadtatmosphäre allgemein in zwei Schichten. Die Schicht, die vom Boden bis zum Dachniveau reicht, wird als Stadthindernisschicht (Urban Canopy Layer) bezeichnet. Sie beherbergt die Elemente, die die Stadtstruktur ausmachen. In dieser Schicht findet eine starke Variation meteorologischer Elemente statt. Über der Stadthindernisschicht befindet sich die Stadtgrenzschicht (Urban Boundary Layer) (vgl. Abbildung 4)

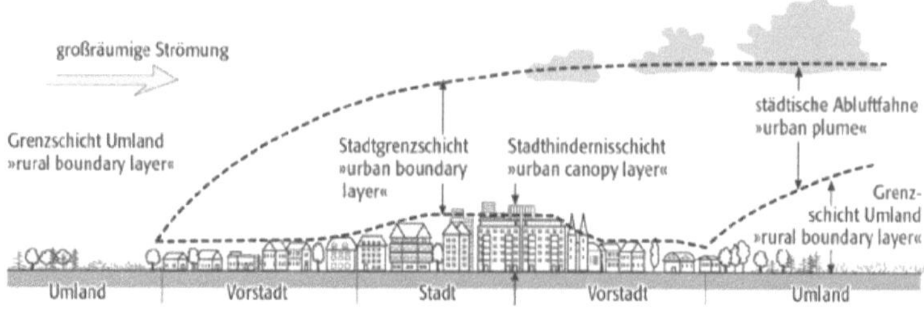

Abbildung 4: Städtische Atmosphäre

Quelle: Spektrum 2001

In der Stadtgrenzschicht wirkt die Stadt als Ganzes, es machen sich jedoch auch Stadtteile wie z.B. Industriegebiete bemerkbar. Hier ist die Variation der meteorologischen Elemente im Vergleich zur Stadthindernisschicht weniger ausgeprägt (KOMMISSION REINHALTUNG DER LUFT 1988: 42f). Das Dachniveau der Stadthindernisschicht wirkt in der Stadtgrenzschicht wie eine zweite Bodenoberfläche für viele klimatische Prozesse. Die Stadtgrenzschicht endet da wo kein Einfluss durch die Stadt auf die Atmosphäre mehr stattfindet. (SPEKTRUM 2001).

Neben der Rauheit der Stadtoberfläche tragen die erhöhten Temperaturen der Stadt, die allgemein als Urban Heat Island Effekt bekannt sind, dazu bei, dass das Windfeld der Stadt beeinflusst wird. Die wärmere Luft der Stadt bewirkt ein Aufsteigen der Luftmassen mit den damit verbundenen Auswirkungen auf das städtische Luftdruckfeld. Durch den Luftdruckunterschied zwischen Stadt und Land entsteht eine Luftströmung (Flurwind), die vor allem bei austauscharmen Wetterlagen auftritt. Dieser Effekt ist umso stärker ausgeprägt je höher der Temperaturunterschied zwischen Stadt und Umland ausfällt. Die Luftströmung zwischen Stadt und Land verläuft dabei wie folgt: Vom Umland dringt bodennah eine kühlere mit höherem Luftdruck wirkende Luft dem thermischen Tief der Stadt entgegen. Durch den Druckausgleich wird diese Luft in die Stadt transportiert. In der Stadt wird die kalte Luft aus dem Umland erwärmt und steigt daraufhin auf. Anschließend wird die Luft durch das Druckgefälle wieder zurück ins Umland transportiert (HENNINGER 2011: 84).

2.2.3 Auswirkung der Kaltluftzufuhr auf die Windverhältnisse

Der Faktor der Kaltluftzufuhr vom Umland in die Stadt ist für die lufthygienische Situation der Stadt von besonderer Bedeutung. Durch den Flurwind findet so auch bei ruhigen Wetterlagen ein Abtransport der Schadstoffe durch die weiter oben beschriebene Luftzirkulation statt. Hierzu ist es allerdings wichtig, dass sich im

Umland der Stadt weiträumige Freiflächen befinden, die die „Produktion" der Kaltluft sicherstellen. Unter Kaltluft versteht man gemeinhin die bodennahe Luftschicht, die sich bei der nächtlichen Abstrahlung abkühlt durch die Tatsache, dass aus dem Boden nur wenig Wärme nachgeliefert wird. Bei den Flächen, die Kaltluft produzieren, gibt es erhebliche Unterschiede in den Produktionsraten. Die Produktionsrate wird angegeben in m³ gebildete Kaltluft pro m² Boden. Nachfolgende Tabelle zeigt die kaltluftproduzierende Kapazität von vier verschiedenen Landschaftsräumen.

Landschaftstyp	Kaltluftproduktionsrate
Wiese	~ 20 m³/m²/h
Wald	~ 15m³/m²/h
Acker	~ 10 - 15m³/m²/h
Siedlungsraum	~ 1 m³/m²/h

Tabelle 1: Kaltluftproduktionsraten verschiedener Landschaftstypen

Quelle: Geo-Net Umweltconsulting o.J.: 14

Wie aus Tabelle 1 ersichtlich ist, liefert der Landschaftstyp „Wiese" die meiste Kaltluft. Ein Siedlungsraum weist hingegen so gut wie keine Produktion von Kaltluft auf. Ist ein urbaner Raum mit Freiflächen umgeben, die eine hohe Produktion von Kaltluft sicherstellen, so ist auch bei austauscharmem Wetter für einen Luftaustausch und damit einen Abtransport der Luftschadstoffe durch den Flurwind gesorgt, ganz im Gegenteil zu Städten, die sich innerhalb von Ballungsgebieten befinden (z.B. Düsseldorf im Ruhrgebiet).

Neben der Ausstattung der kaltluftproduzierenden Flächen spielen weitere Faktoren eine Rolle in der Kaltluftproduktion. Hierbei ist die Hangneigung der Fläche von besonderer Bedeutung. Die Kaltluftproduktion steigt proportional zur Hangneigung. So weist beispielsweise ein bewaldeter Hangbereich mit einer Hangneigung von 25 – 30° eine Kaltluftproduktion von 30 – 40 m³/m²/h auf, wohingegen eine Gehölzfläche mit Hangneigung von 8 – 10° nur 10 – 15 m³/m²/h aufweist (GEO-NET UMWELTCONSULTING o.J.: 14).

2.3 Windsysteme mit Auswirkung auf das urbane Klima

Je nach geografischer Lage eines urbanen Raumes ergeben sich unterschiedliche Beeinflussungen durch Windsysteme. Liegen urbane Räume in der Nähe von Küsten, so wirkt sich z.B. der Land-Seewind auf die klimatischen und lufthygienischen Verhältnisse dieser Stadt aus. Aber auch Städte in Tallagen sind Windzirkulationen wie dem Berg-Tal Wind ausgesetzt. Im Folgenden werden diese Windsysteme, die für die lufthygienische Situation in urbanen Räumen von Bedeutung sind, kurz erklärt

2.3.1 Berg-Talwind

Durch die Berg und Talwind Zirkulation ergibt sich wie im Falle des Flurwindes ein Luftaustauschsystem, das für die lufthygienische Situation von urbanen Räumen in Tallagen von Bedeutung ist. Hier findet tagsüber eine Luftströmung vom Tal in Richtung Gebirge statt, die als Talwind bezeichnet wird (vgl. Abbildung 5)

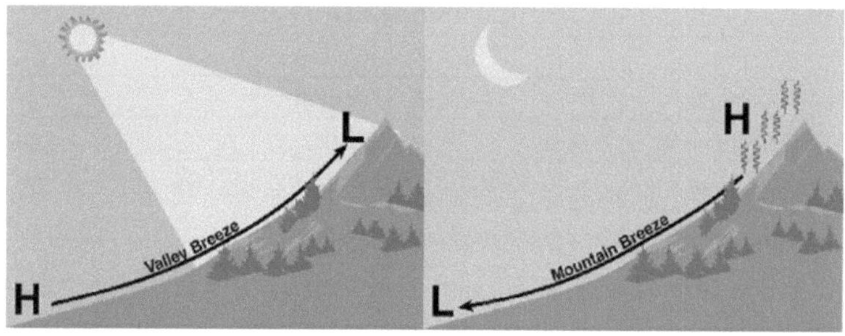

Abbildung 5: Talwind und Hangaufwind

Quelle: Sam Houston State University

In der Nacht kehrt sich diese Luftströmung um und es fließt vom Gebirge frische kühle und saubere Luft ins Tal. So kommt es besonders in der Nacht zu einer Frischluftzufuhr durch die absinkende kühle Luft der Gebirgshänge. Die Fließgeschwindigkeiten der Luft betragen hierbei 1 bis 5 Meter pro Sekunde (ZARDI & WHITEMAN 2012: 6). Es handelt sich dabei um einen schwachen Wind, der ähnlich wie der Flurwind wirkt, und nur bei schwachen großräumigen Windsystemen für die lufthygienische Situation von Bedeutung ist. Berg und Talwinde finden nur bei Hochdruckwetter mit schwachen Winden und viel Sonnenstrahlung statt. Dieses Hochdruckwetter garantiert eine tagsüber durch die Solarstrahlung starke Aufheizung der Berghänge und eine langwellige Abstrahlung in der Nacht. Die Zirkulation des Berg-Tal Windsystems ähnelt dabei dem der Stadt-Umland Luftströmung und dem des Land-Seewindes.

2.3.2 Hangwind

Das Luftzirkulationsmuster der Hangwinde ist ein Teilbereich des Berg- Talwindsystems. Hier erwärmen sich die Hänge tagsüber durch die Sonneneinstrahlung schneller als der Talgrund. Warme Luft steigt über den Hängen auf und es entsteht ein Tief über dem Boden. Dem Druckausgleich folgend fließt nun die warme Luft aus dem Tal die Hänge aufwärts. In der Nacht dreht sich die Zirkulation um und es fließt kalte Luft von den Hängen ins Tal. Hangwinde erreichen eine Geschwindigkeit von 3 Metern pro Sekunde und können bis zu 1,5 Meter in das urbane Gebiet eindringen (GEO-NET UMWELTCONSULTING o.J.: 9). Ausschlaggebend für die Eindringtiefe in die Stadt ist dessen Struktur und Bebauung.

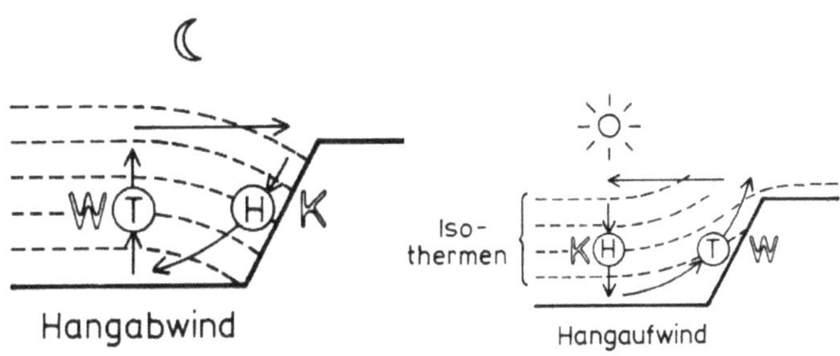

Abbildung 6: Hangabwind und Hangaufwind

Quelle: IMA Richter & Röckle

2.3.3 Land-Seewind

Der Land-Seewind entsteht durch eine unterschiedliche Erwärmung der Land und Wasserflächen durch die Solarstrahlung. Die Landoberfläche erwärmt sich bei Sonneneinstrahlung schneller als die Wasseroberfläche, da Wasser eine höhere spezifische Wärmekapazität besitzt als die Landoberfläche. Es folgt ein Aufsteigen warmer Luftmassen über Land mit Ausbildung eines Bodentiefs. Durch die Luftdruckdifferenz findet nun eine Luftströmung vom Bodenhoch über der Wasseroberfläche in Richtung Land statt. Dieser Luftfluss wird als Seewind bezeichnet. In der Nacht dreht sich diese Luftzirkulation und es bildet sich über Wasser ein Bodentief mit aufsteigenden warmen Luftmassen. Die Luftströmung findet nun vom Bodenhoch über der Landoberfläche in Richtung Bodentief über dem Wasser statt. Diese Zirkulation wird als Landwind bezeichnet. In Abbildung 7 ist dieses Luftzirkulationssystem graphisch dargestellt.

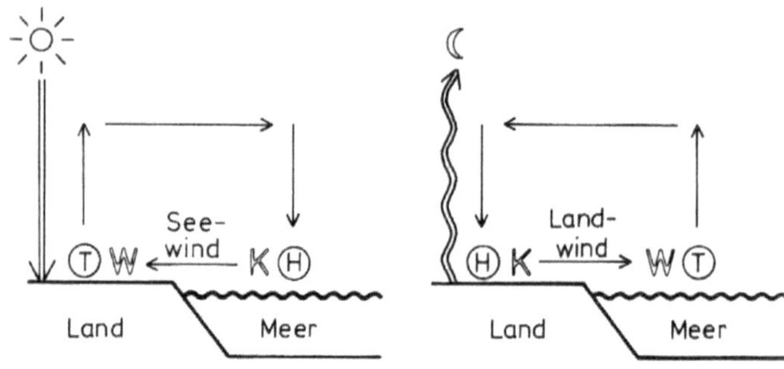

Abbildung 7: Land-See Windsystem

Quelle: IMA Richter & Röckle

Wie stark die Land-See Windzirkulation das Klima in urbanen Räumen, die in Küstennähe liegen, beeinflusst, zeigt das Beispiel des Photochemischen Smogs von Los Angeles. Hier bildet sich an 320 Tagen eine Temperaturinversion, die einen Luftaustausch mit Luftschichten in höheren Lagen verhindert. Grund dafür ist einerseits die kühle Luft, die vom Pazifik in Richtung Küste fließt und dort das Aufsteigen der warmen Luftmassen über Land bewirkt. Ein weiterer Faktor ist die geografische Lage von Los Angeles. Los Angeles ist in drei Himmelsrichtungen von Gebirgsmassiv umgeben und nur zum Pazifik hin geöffnet. Diese zwei Faktoren bewirken eine Ansammlung von Schadstoffen über einen längeren Zeitraum und führen zur Ausbildung des Photochemischen Smogs (FABIAN 1992: 82f).

3 Luftschadstoffe

Unter Luftschadstoffen versteht man allgemein gasförmige oder partikelförmige Stoffe, die die natürliche Zusammensetzung der Luft beeinflussen. Sie haben negative Auswirkungen auf die menschliche Gesundheit und stammen in urbanen Räumen überwiegend aus anthropogenen Quellen. Zu diesen anthropogenen Quellen zählen der KFZ-Verkehr, Kraftwerke, Industrie und Gewerbe und der Hausbrand. Wobei der KFZ- Verkehr die größte Rolle spielt. Mit einem Anteil von 50% an den gesamten Stickoxidemissionen ist er der Hauptverursacher für die Luftverschmutzung im urbanen Raum (HENNINGER 2011: 86f). Darüber hinaus trägt der bodennahe Emmissionsausstoß dazu bei, dass sich die Schadstoffe überwiegend im menschlichen Aktionsraum ausbreiten (LAHMANN 1990: 21).

Im folgenden Kapitel werden nun die wichtigsten klassischen Luftschadstoffe näher beschrieben. Weiteres wird in diesem Kapitel auf die Auswirkungen, die die Luftschadstoffe auf die menschliche Gesundheit haben, näher eingegangen. Außerdem werden in diesem Kapitel die Luftschadstoffgrenzwerte näher analysiert.

3.1 Smog

Treten Luftschadstoffe in hohen Konzentrationen in urbanen Räumen auf, sodass sie visuell sichtbar sind, spricht man von Smog. Bei dem Wort handelt es sich um eine Wortkombination von Smoke und Fog zu Deutsch Rauch und Nebel. Die Anwesenheit von Nebel ist dabei aber nicht zwingend notwendig, es reicht die erhöhte Konzentration von Luftschadstoffen, wenn von Smog die Rede ist.

Allgemein bekannt sind zwei Smog-Typen, der London Smog und der Los Angeles Smog. Beim London Smog handelt es sich um ein erhöhtes Aufkommen von Schwefeldioxid in Verbindung mit Ruß in den Wintermonaten durch die vermehrte Heiztätigkeit. Ruß verstärkt die Neigung zur Bildung von Nebel. Schwefeldioxid löst sich in die Nebeltropfen und trägt zur Bildung von schwefelhaltiger Säure bei, aus der wiederum Schwefelsäure entstehen kann.

Erhöhte Konzentrationen von Photooxidantien finden sich hingegen beim Los Angeles Smog, der in den Sommermonaten auftritt und vom Straßenverkehr verursacht wird. Stickoxide, Kohlenmonoxid und Kohlenwasserstoffe werden dabei intensiver Sonneneinstrahlung ausgesetzt und führen dadurch zur Bildung von Ozon und anderen oxidierenden Substanzen. Durch diese Art von Smog kommt es zu einer Eintrübung der Luft mit den Folgen einer Herabsetzung der Sichtweite. Der Los Angeles Smog kommt bevorzugt in urbanen Räumen mit starker Sonneneinstrahlung und einem erhöhten Aufkommen von Straßenverkehr vor. Er führt zur Reizung der Augen und Schleimhäute und ist durch seine stark erhöhte Konzentration von Luftschadstoffen schädlich für die menschliche Gesundheit. Überdies trägt er zur Zerstörung der Blätter einiger Pflanzenarten bei. Abbildung 8 gibt einen detaillierten Überblick über die zwei verschiedenen Smog-Typen (KOMMISSION REINHALTUNG DER LUFT 1988: 231, FABIAN 1992: 78f).

Smog	Typ "London" (Wintersmog)	Typ "Los Angeles" (photochemischer Smog)
Hauptsächlich chemische Komponenten	SO_2, CO, Staub, Sulfat, H_2SO_4	NO, NO_2, O_3, CmHn, CO
Verbrennungsstoffe	Kohle, Öl	Benzin
Hauptemittenten	Industrie, Hausbrand	Kraftfahrzeuge
Jahreszeit	Winter (Jan., Feb.)	Sommer (Aug., Sep.)
Tageszeit	früh morgens	mittag
Lufttemperatur	kleiner 0 °C	größer 20 °C
Inversionstyp	Strahlungsinversion	Absinkinversion
Relative Feuchte	> 85 %	< 70 %
Windgeschwindigkeit	Windstille	bis zu 3 m/s
Sichtweite	gering	bis zu 1,5 km

Abbildung 8: Smogarten

Quelle: Kommission Reinhaltung der Luft 1988: 231

In der Volksrepublik China kommt es immer wieder zu sehr starken Schadstoffbelastungen der Luft. In der Hauptstadt Peking ist der Smog so stark, dass ein Blick auf den blauen Himmel verhindert wird. Im Dezember 2015 wurde hier das erste Mal die Alarmstufe Rot ausgerufen und die Bevölkerung dazu angehalten, zuhause zu bleiben und sich möglichst nicht ins Freie zu begeben. Der Luftzustand wurde als „Hazardous" bezeichnet (ZEIT ONLINE 2015). Aber auch in Europa herrschen teilweise sehr starke Smogbelastungen. In Mailand wurde im Dezember 2015 ein dreitägiges Fahrverbot für den Autoverkehr verhängt, um den auftretenden Smog wieder in den Griff zu bekommen. Als Ausgleich wurden spezielle Anti-Smog-Tickets für den öffentlichen Verkehr angeboten (BASLER ZEITUNG 2015).

Welche Extremformen die Smogbelastung annehmen kann, zeigt Abbildung 9. Da durch den starken Smog, der in Peking vorherrscht, die Sicht auf den Himmel verhindert wird, wird der Sonnenaufgang auf einem riesigen Display auf einem öffentlichen Platz dargestellt. Die starke Smogbelastung führt auch zu neuen Geschäftsideen bei Firmen. So verkauft eine australische Firma der chinesischen Bevölkerung frische Luft aus Dosen. Für 18,80 Dollar bekommt man Frischluft die für 130 Atemzüge reicht (SPIEGEL ONLINE 2016)

Abbildung 9: Smog in Peking

Quelle: Die Welt

3.2 Klassische Luftschadstoffe

Zu den Luftschadstoffen zählt eine Vielzahl an organischen und anorganischen Substanzen. Die wichtigsten Schadstoffe können aber in eine kleine Gruppe zusammengefasst werden. Man bezeichnet sie als klassische Luftschadstoffe. Zu dieser Gruppe zählen Feinstaub, Stickstoffdioxid, Ozon, Schwefeldioxid und Kohlenmonoxid (WHO 2000: 173, VALLERO 2008: 58). Für diese Luftschadstoffe sind Grenzwerte festgelegt worden und die Konzentrationen in der Luft werden regelmäßig mit Hilfe von Luftgütemessstellen aufgezeichnet.

3.2.1 Feinstaub

Beim Feinstaub handelt es sich um ein Gemisch aus feinen Partikeln und Flüssigkeitströpfchen. Er besteht aus Säuren, Metallen, organischen Chemikalien und Staubteilchen. Feinstaub unterscheidet sich vom gewöhnlichen Staub, wie der Name sagt, durch seine Größe bzw. seinen Durchmesser. Von Feinstaub spricht man, wenn die Partikel einen Durchmesser haben, der kleiner als 10 Mikrometer (10 µm) ist. Feinstaub tritt in unterschiedlichen Größen in der Luft auf. Die Daten, die von Luftgütemessstellen aufgezeichnet werden, beziehen sich auf Feinstaub mit einem Größendurchmesser von 10 µm, auch als PM10 bezeichnet, und Feinstaub mit einem Durchmesser von 2,5 µm (PM2.5). Anders als der Grobstaub, der von den Schleimhäuten der Nase gefiltert wird, besitzt Feinstaub die Möglichkeit, wenn er eingeatmet wird, bis in die Lungen vorzudringen. Dies ist besonders beim Feinstaub mit einem Durchmesser von 2,5 Mikrometern und kleiner der Fall. Der Feinstaub kann auch, je nach Wetter und Windverhältnissen, weite Distanzen zurücklegen. So kann beispielsweise Feinstaub aus Straßenverkehrsemissionen in weit abgelegene Gebiete oder bis ins Gebirge transportiert werden. Feinstaubpartikel lagern sich überdies auf der Bodenoberfläche und auf Wasseroberflächen ab und können so die Umwelt schädigen durch die Störung des natürlichen Nährstoffgleichgewichts dieser Ökosysteme. Nach der Art der Emission wird der Feinstaub in primären und sekundären Feinstaub unterteilt. Unter primärem Feinstaub versteht man Feinstaubpartikel, die direkt an der Quelle emittiert werden. Dies geschieht üblicherweise bei Verbrennungsprozessen. Als sekundärer Feinstaub wird der Feinstaub bezeichnet, der in Folge von gasförmigen Vorläufersubstanzen entsteht. Zu diesen gasförmigen Vorläufersubstanzen werden Stickoxide, Schwefel und Ammoniak gerechnet (ENVIRONMENT PROTECTION AGENCY 2015a, UMWELTBUNDESAMT 2015).

3.2.2 Stickstoffdioxid

Stickstoffdioxid (NO2) zählt ebenso wie Stockstoffmonoxid (NO) zu den Stickstoffoxiden. Unter Stickstoffoxiden versteht man gasförmige Verbindungen von Stickstoff und Sauerstoff. Stickstoffdioxid hat einen stechenden chlorähnlichen Geruch und besitzt eine braunrote Farbe. Das Gas ist sehr giftig und hat bereits in geringen Konzentrationen negative Auswirkungen auf die menschliche Gesundheit. Stickstoffdioxid wird aus anthropogenen sowie natürlichen Quellen freigesetzt. Zu den natürlichen Quellen zählen Vulkanausbrüche, Gewitter und mikrobiologische Reaktionen im Boden. In urbanen Räumen wird es hauptsächlich durch Verbrennungsprozesse in die Atemluft freigesetzt. Verbrennungsmotoren, Feuerungsanlagen für Kohle, Öl, Gas, Holz und Abfälle zählen zu den Hauptquellen. Der Straßenverkehr ist allerdings die bedeutendste Quelle für NO2. Stickstoffdioxid kann durchaus als Indikator für die durch den Straßenverkehr verursachte Luftverschmutzung herangezogen werden (WHO 2004: 7). Es trägt überdies zur Bildung von bodennahem Ozon bei und zur Bildung von Feinstaub. Stickstoffdioxid wird durch drei luftchemische Prozesse gebildet. Die Oxidation von Sauerstoff mit Stickstoffmonoxid führt zur Bildung von Stickstoffdioxid, sowie die Oxidation von Stickstoffmonoxid durch Ozon, hierbei entsteht gleichzeitig

Sauerstoff. Auch Peroxidradikale besitzen die Fähigkeit, Stickstoffmonoxid in Stickstoffdioxid zu oxidieren. Peroxidradikale sind flüchtige organische Verbindungen, die z.B. durch Lösungsmittelanwendungen oder KFZ Abgase freigesetzt werden. Der Abbau von Stickstoffdioxid in der Atemluft wird üblicherweise durch Sauerstoff und Sonnenlicht bewerkstelligt. Die chemische Reaktion, die hierbei abläuft, lautet: NO2 + O2 + Sonnenlicht = NO + O3. Beim Abbauprozess von Stickstoffdioxid entsteht Stickstoffmonoxid und Ozon. Die Zeit, die Stickstoffdioxid in der Atemluft verbringt, beträgt ca. 2 bis 5 Tage. (UMWELTBUNDESAMT 2015, WITTEN o.J.: 2)

3.2.3 Ozon

Ozon, auch als Aktivsauerstoff bezeichnet, besteht aus drei Sauerstoffatomen. Es wird durch die photochemische Reaktion von Stickstoffoxiden mit Kohlenwasserstoffen gebildet. Es ist ein farbloses Gas mit einem stechenden chlorähnlichen Geruch. Es besitzt eine sehr starke Oxidationskraft und zählt zu den stärksten Oxidationsmitteln. Als Luftschadstoff versteht man gemeinhin bodennahes Ozon. In höheren Luftschichten schirmt Ozon die ultraviolette Strahlung der Sonne ab und trägt somit zum Schutz der Lebewesen bei. Ozonkonzentrationen sind üblicherweise in ländlichen Gebieten höher als in urbanen Räumen, da das Ozon in Städten durch Reaktion mit anderen Luftschadstoffen aufgebraucht wird. Durch die ultraviolette Strahlung der Sonne erreichen die Ozonkonzentrationen im Sommer bei strahlungsintensiven Hochdruckwetterlagen ein Maximum, wohingegen sie im Winter auf ein Minimum fallen. Diese hohen Ozonwerte im Sommer sind der Auslöser des als Sommersmog bezeichneten fotochemischen Smogs. Erhöhter KFZ-Verkehr und Industrieabgase sind maßgeblich an der Entstehung des Sommersmogs beteiligt, da sie die Vorläufer für die Photooxidantien liefern. Aber auch auf natürliche Weise entsteht Ozon, beispielsweise bei einem Gewitter. (ENVIRONMENT PROTECTION AGENCY 2015b, LAHMANN 1990: 66, HUPFER & KUTTLER 2005: 33).

3.2.4 Schwefeldioxid

Schwefeldioxid ist farblos, es reizt die Schleimhäute, riecht stechend und ist sehr giftig. Es wird überwiegend bei der Verbrennung fossiler Brennstoffe durch industrielle Kraftwerke in die Luft ausgestoßen. Einen Indikator für die Schwefeldioxidbelastung stellen Pflanzen dar, besonders immergrüne Pflanzen, Nadelhölzer und Pflanzen mit hoher physiologischer Aktivität. Durch Schwefeldioxid verursachte Schädigungen an Pflanzen zählen zu den ältesten Nachweisen der negativen Auswirkung von Luftschadstoffen. Schwefeldioxid greift überdies durch seine sauren Eigenschaften Baustoffe, Metalle, Kunststoffe, Textilien und Farben an. Aus natürlichen Quellen entsteht Schwefeldioxid beispielsweise bei vulkanischer Aktivität, Wetterprozessen und bei mikrobieller Aktivität. Schwefeldioxid spielt in mittel- und westeuropäischen Städten als Luftschadstoff eine untergeordnete Rolle. Durch den Einsatz schwefelarmer Brennstoffe, der Ausstattung von Industrie und Kraftwerken mit Filteranlagen und Rauchgaswäschern sind die Schwefeldioxid Emissionen auf unbedeutende Werte abgefallen. In China, Indien und anderen asiatischen Ländern spielen sie noch eine große Rolle. Die Luft ist hier teilweise sehr stark mit Schwefeldioxid belastet (ENVIRONMENT PROTECTION AGENCY 2015c, LAHMANN 1990: 70, HENNINGER 2011: 88).

3.2.5 Kohlenmonoxid

Bei Kohlenmonoxid (CO) handelt es sich um ein farbloses, geruchsloses und geschmacksloses Gas, das bei der unvollständigen Verbrennung bzw. Oxidation von Kohlenstoff und kohlenstoffhaltigen Verbindungen entsteht. Für den Menschen ist das Gas sehr giftig. Es unterbindet die Sauerstoffversorgung der Organe und in höheren Dosen ist es tödlich. Aus nicht anthropogenen Quellen tragen Vegetation, Ozeane, Waldbrände, Oxidation von Kohlenwasserstoffen und der Abbau von Chlorophyll zur Bildung von Kohlenmonoxid bei. Anthropogen wird der Luftschadstoff aus Industrieanlagen, dem Straßenverkehr und aus Haushalten freigesetzt. Die Konzentrationen von Kohlenmonoxid in der Atemluft sind ähnlich denen von Schwefeldioxid seit den letzten Jahrzehnten stark zurückgegangen. Kohlenmonoxid war einst sehr stark an der Luftverschmutzung beteiligt. (HENNINGER 2011: 88, LAHMANN 1990: 63).

3.3 Luftqualitätsrichtlinien und Grenzwerte

Im folgenden Abschnitt werden die Grenzwerte, die in Europa, den Vereinigten Staaten und in der Volksrepublik China gelten, dargestellt und mit den Richtlinien der WHO verglichen.

3.3.1 Richtlinien der Weltgesundheitsorganisation

Für die in Kapitel 3.2. beschriebenen „klassischen" Luftschadstoffe" hat die Weltgesundheitsorganisation Richtlinien festgelegt. Die Air Quality Guidelines (AQGs) geben Aufschluss darüber, ab welchen Konzentrationen von Luftschadstoffen gesundheitliche Konsequenzen für die Bevölkerung zu erwarten sind. Sie wurden von der WHO dazu entwickelt, um Maßnahmen umzusetzen, die die Gesundheit der Bevölkerung vor den negativen Auswirkungen der Luftschadstoffe schützt. Die nationalen Luftqualitätsrichtlinien werden von den einzelnen Ländern individuell festgelegt und diese sind u.a. beeinflusst von wirtschaftlichen und technologischen Interessen der Länder (WHO 2006: 7).

Luftschadstoff	Richtwerte
Feinstaub (PM2.5)	Jahresmittelwert: 10 µg/m³ 24 Stunden Mittelwert: 25 µg/m³
Feinstaub (PM10)	Jahresmittelwert: 20 µg/m³ 24 Stunden Mittelwert: 50 µg/m³
Ozon	8 Stunden Mittelwert: 100 µg/m³
Stickstoffdioxid	Jahresmittelwert: 40 µg/m³ 1 Stunden Mittelwert: 200 µg/m³
Schwefeldioxid	24 Stunden Mittelwert: 20 µg/m³ 10 Minuten Mittelwert: 500 µg/m³

Tabelle 2: WHO Richtwerte für Luftschadstoffe

Quelle: WHO 2006

Die Richtlinien der WHO sind sehr streng. In Europa beispielsweise ist ein überwiegender Anteil der urbanen Bevölkerung Schadstoffwerten ausgesetzt, die über den Richtlinien der WHO liegen. So sind 97,6 % der urbanen Bevölkerung in Europa erhöhten Werten von Ozon ausgesetzt. Dasselbe Bild zeichnet sich beim Feinstaub ab. Hier sind 87,1 % (PM2.5) und 60,9 % (PM10) der urbanen Population Europas erhöhten Feinstaubwerten ausgesetzt. Die Exposition der städtischen Bevölkerung ist in Bezug auf den Luftschadstoff Stickstoffdioxid nicht so hoch, lediglich 9 % der europäischen Bevölkerung in urbanen Räumen sind Konzentrationen von Stickstoffdioxid ausgesetzt, die oberhalb der Richtlinien der Weltgesundheitsorganisation liegen. Die genannten Prozentzahlen gelten für das Jahr 2013 (EUROPEAN ENVIRONMENT AGENCY 2015).

3.3.2 Grenzwerte in Europa

Vergleicht man die Luftschadstoffrichtwerte der WHO mit den Luftgüterichtlinien, die in der Europäischen Union vorherrschen, so kann man feststellen, dass es Abweichungen zu den WHO Richtlinien gibt. Beim Feinstaub PM2.5 liegt der Jahresmittelwert mit 25 µg/m³ um 15 ug/m³ höher als in den von der WHO vorgegebenen Richtlinien. Aber auch beim Feinstaub PM10 findet man Abweichungen. Hier ist der Jahresmittelwert mit 40 µg/m³ genau um das Doppelte höher als in den Richtlinien der Weltgesundheitsorganisation. Für Ozon wird in der EU auch ein höherer Grenzwert toleriert, als der, der von der WHO vorgegeben wird. Er liegt in den EU Luftgüterichtlinien bei 120 µg/m³ und in den WHO Richtlinien bei 100 µg/m³. Für Stickstoffdioxid gibt es zwischen EU Richtlinien und WHO Richtlinien keine Abweichungen. Auffallend hoch ist allerdings die Differenz beim Schwefeldioxid. Hier ist beim 24 Stunden Mittelwert der Grenzwert bei 125 µg/m³ gesetzt, in den Richtlinien der WHO liegt er allerdings bei 20 µg/m³. Das entspricht einer Differenz von 105 µg/m³ (EUROPEAN COMMISSION 2015a).

Luftschadstoff	Grenzwerte
Feinstaub (PM2.5)	Jahresmittelwert: 25 µg/m³
Feinstaub (PM10)	Jahresmittelwert: 40 µg/m³ 24 Stunden Mittelwert: 50 µg/m³
Ozon	8 Stunden Mittelwert: 120 µg/m³
Stickstoffdioxid	Jahresmittelwert: 40 µg/m³ 1 Stunden Mittelwert: 200 µg/m³
Schwefeldioxid	24 Stunden Mittelwert: 125 µg/m³ 1 Stunden Mittelwert: 350 µg/m³

Tabelle 3: Luftschadstoffgrenzwerte in der EU

Quelle: European Commission 2015a

Laut der European Environment Agency sind 17,4 % (PM10) und 8,6 % (PM2.5) der urbanen Bevölkerung in Europa Feinstaubwerten ausgesetzt, die über den Grenzwerten der EU liegen. Beim Ozon sind es 15 % und bei Stickstoffdioxid 9 % (Stand 2013). Die Werte sind rückläufig, so waren im Jahr 2000 noch 30,5 % einer Feinstaubbelastung ausgesetzt, die über dem Grenzwert lag. Bei Ozon waren es 17,7 % und bei Stickstoffdioxid 20,9 %. Wobei die Exposition der urbanen Bevölkerung Europas gegenüber dem Ozon starken Schwankungen unterworfen ist. So lag der Wert 2003 bei 58,2 %, sank 2004 auf 20,2 % und stieg 2006 wieder auf 45,2 % (EUROPEAN ENVIRONMENT AGENCY 2015).

3.3.3 Grenzwerte in den USA

In den USA wird zwischen Primary und Secondary Standards unterschieden. Primary Standards dienen dazu, die Gesundheit der Bevölkerung vor den negativen Auswirkungen der Luftschadstoffe zu schützen. Hier wird vor allem auch die Gesundheit von Kindern, älteren Menschen und Menschen, die an Atemwegserkrankungen leiden, berücksichtigt. Die Secondary Standards orientieren sich am Gemeinwohl. Dazu zählt z.B. verringerte Sichtbarkeit, Schäden an Vegetation, Tieren und Gebäuden.

Die stärkste Abweichung zu den Richtlinien der WHO findet man beim Feinstaub PM10. Er beträgt 150 µg/m³ als 24 Stunden Mittelwert und ist damit um 100 µg/m³ höher als der Richtwert der Weltgesundheitsorganisation, der bei 50 µg/m³ liegt (ENVIRONMENT PROTECTION AGENCY 2015d).

Luftschadstoff	Grenzwerte		
Feinstaub (PM2.5)	Jahresmittelwert: 12 µg/m³ 24 Stunden Mittelwert 35 µg/m³		
Feinstaub (PM10)	24 Stunden Mittelwert: 150 µg/m³		
Ozon	8 Stunden Mittelwert: 0,070 ppm		
Stickstoffdioxid	Jahresmittelwert: 53 ppb	40 µm/m³ 1 Stunden Mittelwert: 100 ppb	
Schwefeldioxid	24 Stunden Mittelwert: 125 µg/m³ 1 Stunden Mittelwert: 75 ppb		

Tabelle 4: Luftschadstoffgrenzwerte in den USA

Quelle: Environment Protection Agency 2015d

3.3.4 Grenzwerte in der Volksrepublik China

In der Volksrepublik China ist das Ministerium für Umweltschutz zuständig für die Überwachung der Luftqualität und die Setzung der Grenzwerte für die Luftschadstoffe. Seit 2016 gelten in China neue Luftqualitätsrichtlinien. Die neuen Luftqualitätsnormen mit der Bezeichnung GB 3095-2012 ersetzen die alten Richtlinien, die bis zum Jahr 2012 gegolten haben. In den neuen Richtlinien findet auch erstmals Feinstaub PM2.5 Berücksichtigung. Die neuen Richtlinien sind bereits seit 2012 in einigen chinesischen Metropolen wie z.B. Peking und Tianjin aktiv, gelten seit Beginn 2016 für die ganze Republik (MINISTRY OF ENVIRONMENTAL PROTECTION OF THE PEOPLES REPUBLIC OF CHINA 2016a).

Parallel zur Einführung der neuen Luftqualitätsnormen GB 3095-2012 wurde auch ein neuer Air Quality index (AQI) eingeführt. Er beinhaltet nun auch Feinstaub PM2.5 und Ozon und löst den alten Air Pollution Index (API) ab (MINISTRY OF ENVIRONMENTAL PROTECTION OF THE PEOPLES REPUBLIC OF CHINA 2016b).

Überdies wurde vom Staatsrat im September 2013 ein Air Pollution Prevention and Control Action Plan veröffentlicht, der eine 15-25%ige Senkung des Feinstaub PM2.5 und eine 10%ige Senkung des Feinstaub PM10 bis 2017 vorsieht im Vergleich zu 2012 (MINISTRY OF ENVIRONMENTAL PROTECTION OF THE PEOPLES REPUBLIC OF CHINA 2016c).

Nachfolgende Tabelle listet die Schadstoffgrenzwerte auf, die in der Volksrepublik China aktuell in den urbanen Räumen gültig sind.

Luftschadstoff	Grenzwerte
Feinstaub (PM2.5)	Jahresmittelwert: 35 µg/m³ 24 Stunden Mittelwert: 75 µg/m³
Feinstaub (PM10)	Jahresmittelwert: 70 µg/m³ 24 Stunden Mittelwert: 150 µg/m³
Ozon	8 Stunden Mittelwert: 160 µg/m³ 1 Stunden Mittelwert 200 µg/m³
Stickstoffdioxid	Jahresmittelwert: 40 µg/m³ 1 Stunden Mittelwert: 200 µg/m³ 24 Stunden Mittelwert: 80 µg/m³
Schwefeldioxid	Jahresmittelwert: 60 µg/m³ 24 Stunden Mittelwert: 150 µg/m³ 1 Stunden Mittelwert: 500 µg/m³

Tabelle 5: Luftschadstoffgrenzwerte in der Volksrepublik China

Quelle: Ministry of Environmental Protection of the Peoples Republic of China 2016c

Im Vergleich zu den alten Luftqualitätsrichtlinien GB3095-1996 sind einige Senkungen der Grenzwerte festzustellen. Beim Jahresmittelwert von Feinstaub PM10 wurde der Grenzwert von 100 µg/m³ auf 70 µg/m³ reduziert. Desweiteren wurde der Jahresmittelwert von Stickstoffdioxid von 80 µg/m³ auf 40 µg/m³ gesenkt und entspricht nun dem Richtwert der Weltgesundheitsorganisation. Der 24 Stundenmittelwert und der Einstundenmittelwert wurden jeweils um 40 µg/m³ gesenkt. Und wie schon zuvor erwähnt, wurde nun in den neuen Luftqualitätsrichtlinien Feinstaub PM2.5 berücksichtigt mit Grenzwerten, die die Richtwerte der WHO um mehr als das Doppelte überschreiten.

3.3.5 Vergleich der Luftgütestandards

Vergleicht man die Grenzwerte der EU, der Vereinigten Staaten und der Volksrepublik China mit den Richtwerten der Weltgesundheitsorganisation, so zeigt sich, dass es zwischen den einzelnen Ländern und den Richtlinien der Weltgesundheitsorganisation teilweise erhebliche Abweichungen gibt. Besonders beim Feinstaub PM10 und PM2.5 sind die Abweichungen sehr hoch, aber auch beim Ozon. Beim Stickstoffdioxid sind keine Abweichungen zu den Richtlinien der WHO feststellbar, einzige Ausnahme ist hier der Jahresmittelwert, der in den Vereinigten Staaten gültig ist. Nachfolgende Abbildung verdeutlicht grafisch die Unterschiede, die bei den Grenzwerten für den Luftschadstoff Feinstaub bestehen. In der Grafik wird der Jahresmittelwert dargestellt. In den USA gibt es keinen Jahresmittelwert für Feinstaub PM10, darum fehlt der Balken in der Grafik.

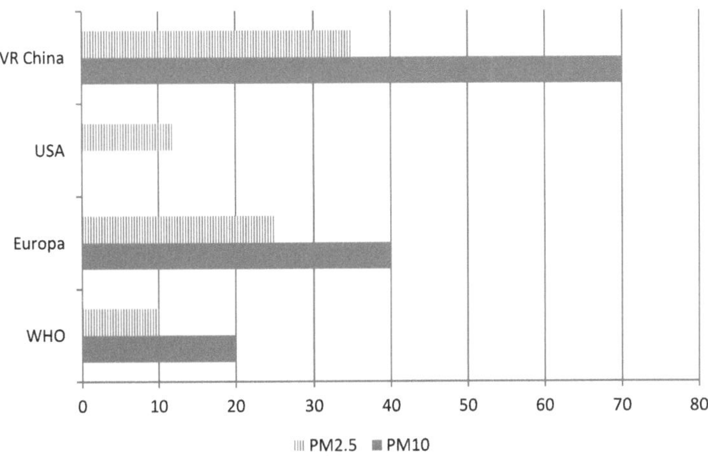

Abbildung 10: Unterschiede in den Grenzwerten für Feinstaub (µg/m³)

Quelle: Eigene Darstellung

3.4 Gesundheitliche Auswirkungen der Luftschadstoffe

Luftschadstoffe sind für zahlreiche gesundheitliche Probleme verantwortlich. Die Auswirkungen der Schadstoffe hängen in erster Linie von ihrer Konzentration in der Atemluft ab. Darüber hinaus hat die Dauer der Exposition gegenüber den Schadstoffen und die individuelle Empfindlichkeit der Personen gegenüber den Luftschadstoffen Einfluss auf die gesundheitlichen Auswirkungen (KAMPA & CASTANAS 2008: 365). Luftschadstoffe wirken sich negativ auf das Atmungssystem, das Nervensystem und das Herz-Kreislauf-System aus und tragen zu erhöhter Sterblichkeit bei. Ältere Menschen, Kinder und Personen mit bestehenden Erkrankungen sind einem besonders hohen Risiko durch Luftschadstoffe ausgesetzt. Abbildung 11 zeigt die Anzahl der Todesfälle, die durch die Luftverschmutzung bei Kindern im Alter bis zu 5 Jahren im Jahr 2008 zu verzeichnen waren. Wie man aus der Grafik erkennen kann, treten die meisten Todesfälle in Zentralafrika und im Mittleren Osten auf. Die schlechte gesundheitliche Versorgung in diesen Ländern trägt natürlich auch zu diesen erhöhten Werten bei. Abbildung 12 zeigt alle Todesfälle im Jahr 2008, die durch Luftverschmutzung verursacht worden sind.

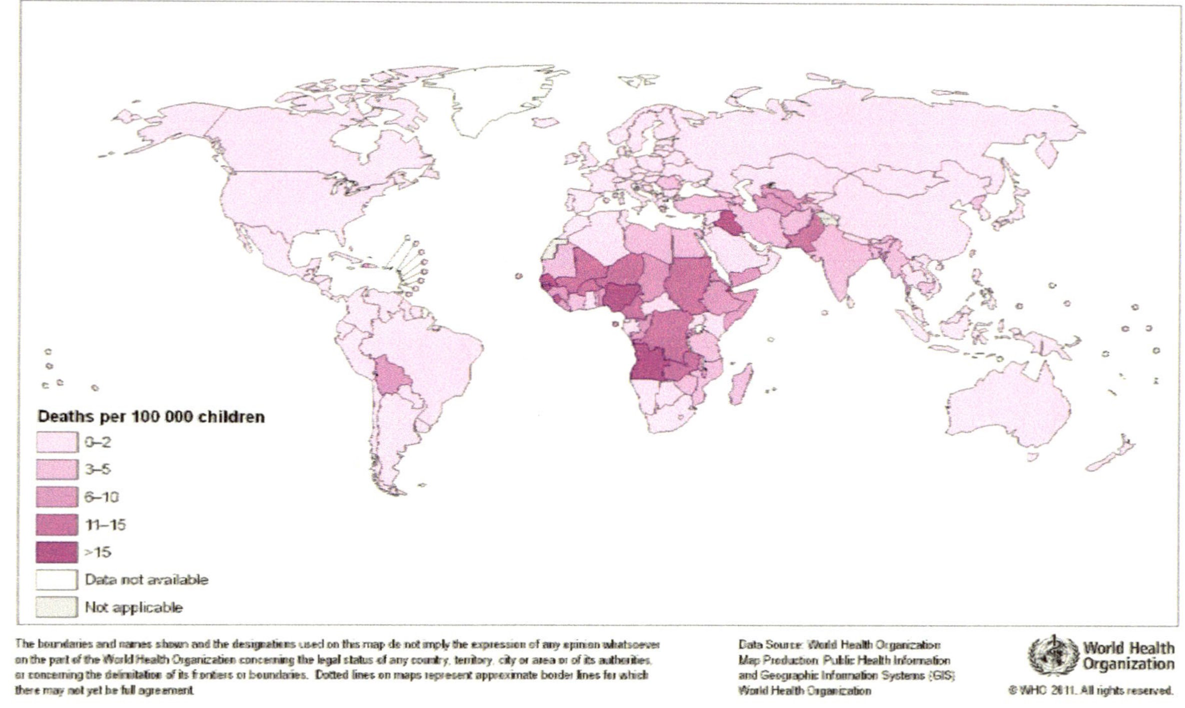

Abbildung 11: Todesfälle durch Luftverschmutzung bei Kindern bis zu 5 Jahren

Quelle: WHO

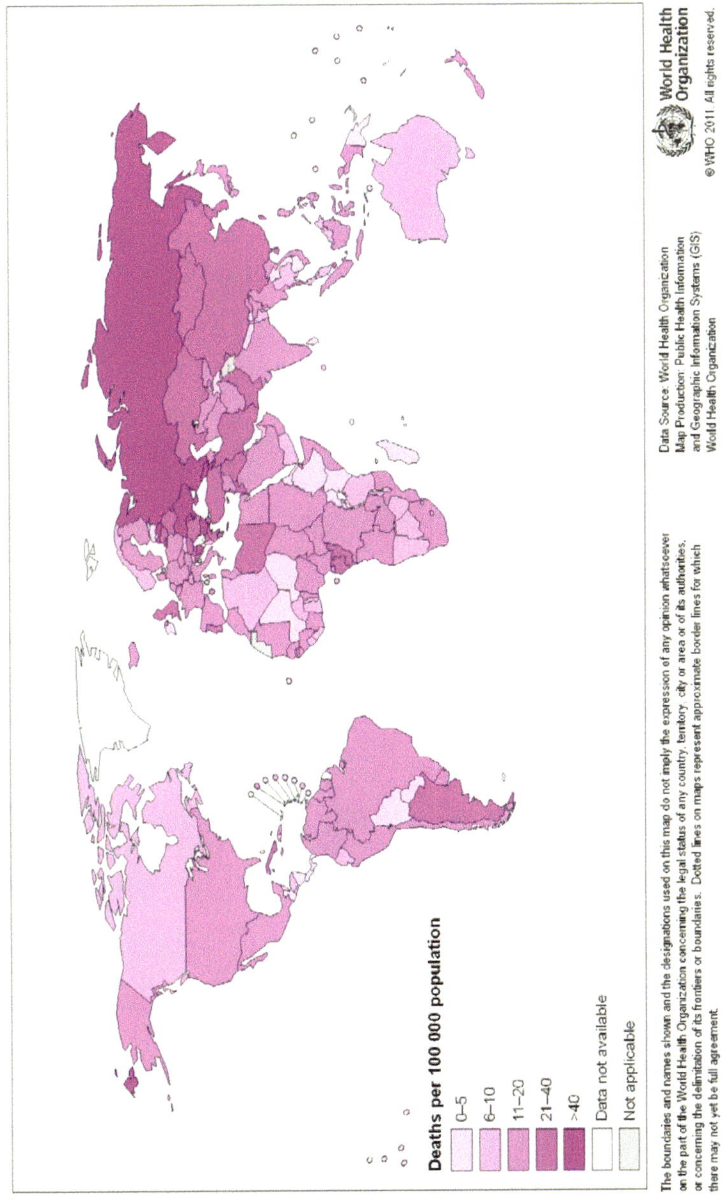

Abbildung 12: Todesfälle durch Luftverschmutzung

Quelle: WHO

Generell kann man nicht sagen, dass es bei Konzentrationen, die unterhalb der Richtwerte der Weltgesundheitsorganisation liegen, keine gesundheitlichen Auswirkungen mehr zu befürchten gibt. Es besteht bei jeder Konzentration die Möglichkeit einer negativen Auswirkung auf die Gesundheit, besonders bei empfindlichen Personen (WHO 2004: 8f).

2012 starben laut der Weltgesundheitsorganisation 7 Millionen Menschen an den Folgen der Luftverschmutzung. Abbildung 13 stellt die prozentuelle Verteilung der Todesursachen die durch die Luftverschmutzung verursacht worden sind, dar.

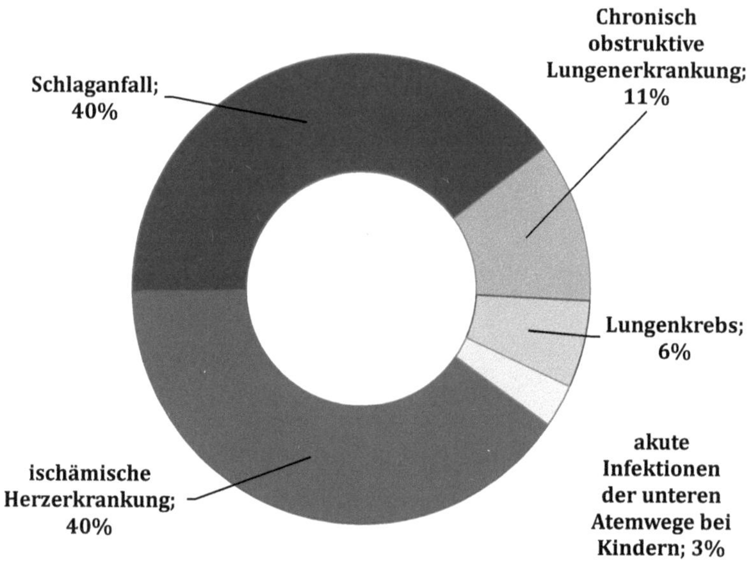

Abbildung 13: Todesfälle durch Luftverschmutzung

Quelle: WHO

Nachfolgend werden nun die Auswirkungen der einzelnen Schadstoffe auf die menschliche Gesundheit kurz erläutert.

3.4.1 Feinstaub

Im Hinblick auf die gesundheitlichen Auswirkungen von Feinstaub ist es wichtig, die Emissionsquelle in Betracht zu ziehen. Feinstaub, der bei der Verbrennung entsteht wie beispielsweise durch Feuerungsanlagen, besitzt die höchste Toxizität. Der Grund dafür liegt in der Tatsache begründet, dass dieser Feinstaub aus Übergangsmetallen und organischen Verbindungen besteht, die sich negativer auf die menschliche Gesundheit auswirken als beispielsweise Ammoniumsalze, Chloride, Sulfate und Nitrate, die ebenso Bestandteil des Feinstaubgemisches sein können (WHO 2004: 10f).

Die gesundheitlichen Konsequenzen, die sich aus dem Einatmen des Feinstaubs ergeben, werden in Kurzzeitfolgen und Langzeitfolgen unterschieden. Die gesundheitlichen Folgen, die sich durch eine kurzzeitige Exposition ergeben, sind:

- Entzündungsreaktionen der Lunge
- Atembeschwerden
- Negative Auswirkungen auf das kardiovaskuläre System
- Anstieg der Medikamenteneinnahmen
- Anstieg der Krankenhauseinweisungen
- Anstieg der Sterblichkeit

Langfristig muss man bei einer erhöhten Belastung der Luft durch Feinstaub mit folgenden gesundheitlichen Konsequenzen rechnen:

- Reduktion der Lungenfunktion bei Kindern und Erwachsenen
- Anstieg von Symptomen der unteren Atemwege
- Anstieg der chronisch obstruktiven Lungenerkrankung
- Reduktion der Lebenserwartung durch erhöhte Herz- und Lungenkrankheiten und Lungenkrebs (WHO 2004: 7)

In einer Studie über die Auswirkungen von Feinstaub PM10 auf die Sterblichkeit in 20 US Städten im Zeitraum von 1987 bis 1994 wurde festgestellt, dass Feinstaub signifikant die allgemeine Sterblichkeit erhöht. Die erhöhte Sterblichkeit wurde überwiegend mit Todesfällen durch Herzkreislauferkrankungen und Atemwegserkrankungen in Verbindung gebracht (SAMET ET. AL. 2000: 1747f). Eine ähnliche Studie von CHEN ET. AL. untersuchte 16 chinesische Städte im Zeitraum von 1996 bis 2008 in Hinblick auf die Sterblichkeit durch Feinstaub PM10. Sie kommt zu demselben Ergebnis wie die Studie von SAMET ET. AL. Ebenfalls wurde eine erhöhte Sterblichkeit bedingt durch Atemwegserkrankungen und Herzkreislauferkrankungen festgestellt. Die Studie von Chen et. al. kommt überdies zu der Erkenntnis, dass die Todesfälle durch Atemwegserkrankungen häufiger auftreten als Todesfälle durch das Herz-Kreislaufsystem (CHEN ET. AL. 2012: 7).

Feinstaub mit einer Partikelgröße von 2,5 µm hat deutlich negativere Auswirkungen auf die Gesundheit als Feinstaub PM10. Bei einer Erhöhung der Konzentration von 10 µg/m³ in der Luft erhöht sich die Sterblichkeit bedingt durch Herz-kreislauf und Atemwegserkrankungen um 6-13% bei einer Langzeitexposition (WHO 2013: 6).

Die negativen Auswirkungen von Feinstaub treten bereits bei Werten auf, die weit unter den Grenzwerten der Länder liegen. Bei Untersuchungen in Schweizer Gemeinden stellte sich heraus, dass bei Konzentrationen von nur 10 – 33 µg/m³ bereits mit negativen Auswirkungen auf die Gesundheit zu rechnen ist (BRUNEKREEF & HOLGATE 2002: 1233)

3.4.2 Stickstoffdioxid

In epidemiologischen Studien hat man herausgefunden, dass es selbst bei Konzentrationen, die innerhalb des Richtwertes der Weltgesundheitsorganisation liegen, zu nachteiligen Auswirkungen auf die Gesundheit durch Stickstoffdioxid kommen kann, was zu Diskussionen bezüglich der Senkung des Richtwertes geführt hat (WHO 2004: 12f). Negative Auswirkungen hat Stickstoffdioxid hauptsächlich auf die Atemwege und die Lunge. Bei einer kurzzeitigen Exposition gegenüber dem Gas muss man mit folgenden Auswirkungen rechnen:

- Negative Auswirkungen auf die Lungenfunktion, besonders bei Asthmatikern

- Anstieg allergischer Entzündungsreaktionen der Atemwege

- Anstieg der Krankenhauseinweisungen

- Anstieg der Sterblichkeit

Wird man gesundheitsgefährdenden Konzentrationen über längere Zeit ausgesetzt, so ist mit einer Reduktion der Lungenfunktion und einer Wahrscheinlichkeit für Atemwegsprobleme zu rechnen (WHO 2004: 7)

Eine Studie von GAUDERMAN ET. AL. stellte fest, dass Stickstoffdioxid ein signifikanter Risikofaktor für Asthma bei Kindern ist. Das Risiko korreliert dabei positiv mit der Nähe zu Autobahnen, nicht jedoch zu normalen Straßen. Der Grund hierfür liegt laut GAUDERMAN ET. AL. im konstanten und viel höheren Verkehrsaufkommen auf Autobahnen im Vergleich zu normalen Straßen (GAUDERMAN ET. AL. 2005: 5). Stickstoffdioxid wird bei Asthmatikern im Ruhezustand zu 72 % und unter körperlicher Belastung zu 87 % in der Lungenperipherie deponiert (OBERFELD 2005: 16).

3.4.3 Ozon

Ozon spielt besonders in den Sommermonaten eine große Rolle für die Gesundheit der Bevölkerung in Ballungsräumen. Der Sommersmog (Los Angeles Smog) ist für zahlreiche gesundheitliche Probleme verantwortlich. Aber auch in den übrigen Monaten des Jahres ist mit negativen Auswirkungen von Ozon auf die Gesundheit zu rechnen. Mit der zunehmenden Klimaerwärmung werden sich die gesundheitlichen Auswirkungen durch Ozon verschärfen, da durch wärmere Lufttemperaturen die Ozonwerte ansteigen (BELL ET. AL. 2007: 62)

Eine kurzzeitige Exposition gegenüber Ozon hat nachteilige Auswirkungen auf das Lungensystem. Man beobachtete Lungenenzündungsreaktionen und eine Verstärkung von Atemwegsbeschwerden. Es findet eine erhöhte Medikamenteneinnahme statt, die Einweisungen in Krankenhäuser steigen und die allgemeine Sterblichkeit erhöht sich. Bei einer Langzeitexposition ist mit einer Beeinträchtigung der Lungenfunktionsentwicklung zu rechnen. Dies wirkt sich besonders bei Kindern und Neugeborenen negativ auf die Gesundheit aus (WHO 2004: 7)

3.4.4 Schwefeldioxid

Die gesundheitliche Belastung durch Schwefeldioxid in der Atemluft stellt in westlichen Ländern kaum eine Gefahr mehr dar, da die Konzentration von Schwefeldioxid in der Luft stark zurückgegangen ist. Lediglich in der Nähe von Punkquellen wie Industrieanlagen oder Hausbrand kann die Schwefeldioxidkonzentration kurzfristig erhöht sein.

In Studien mit Asthmatikern wurde die kurzzeitige Auswirkung von Schwefeldioxid auf die Gesundheit untersucht. Es stellte sich heraus, dass bereits nach 10 minütiger Exposition gegenüber dem Gas mit Einbußen in der Lungenfunktion und mit Atemwegsbeschwerden zu rechnen ist. Bei sportlicher Betätigung erhöhen sich die negativen Auswirkungen, da durch die vermehrte Aufnahme der Luft auch mehr Schwefeldioxid eingeatmet wird. Dies trifft nicht nur auf Schwefeldioxid zu, sondern auch auf alle anderen Luftschadstoffe (WHO 2006: 18). Schwefeldioxid über einen längeren Zeitraum eingeatmet führt zu Erkrankungen der Atemwege und zu Beeinträchtigungen in der Lungenfunktion (WHO 2000: 195)

4 Analyse der Luftbelastung in urbanen Räumen

Wie schon im Kapitel 3 „Luftschadstoffe" angesprochen beschränkt, sich das Problem der Luftverschmutzung in urbanen Räumen überwiegend auf drei Schadstoffe: Feinstaub, Stickstoffdioxid und Ozon. Darum werden bei der Analyse der gegenwärtigen Situation der Luftverschmutzung in urbanen Räumen in diesem Kapitel hauptsächlich diese drei Schadstoffe herangezogen.

4.1 Feinstaubbelastung

Von der Weltgesundheitsorganisation wurde im Zeitraum von 2008 bis 2013 eine Analyse der Feinstaubbelastung in 1600 Städten von 91 Ländern durchgeführt. Die Daten beruhen auf dem Jahresdurchschnitt von Feinstaub PM10 und PM 2.5. Die WHO stützte sich bei der Analyse auf nationale Luftgüteberichte, Websites von nationalen Behörden und auf Daten von Luftgütemessstellen. Herangezogen wurden die Daten, die repräsentativ für die menschliche Exposition gegenüber den Luftschadstoffen in urbanen Gebieten sind. Dazu zählen die Messwerte, die in Wohngebieten, im suburbanen Raum, in Gewerbegebieten und in mit Wohnungen und Gewerbe gemischten Gebieten aufgezeichnet wurden. Hot Spots und Industriegebiete wurden in der Analyse nicht berücksichtigt, da sie laut der WHO nicht repräsentativ für die Exposition der überwiegenden Anzahl der im urbanen Raum lebenden Bevölkerung sind (WHO 2014c).

4.1.1 Länder

Die Analyse der Feinstaubbelastung der Weltgesundheitsorganisation in den 91 Ländern zeigt auf, dass die Luft im Mittleren Osten am stärksten mit Feinstaub belastet ist. Mit einem Jahresdurchschnittswert von 282 $\mu g/m^3$ Feinstaub PM10, der 2010 in 4 Städten von 6 Luftgütemessstellen ermittelt worden ist, ist die Luft in Pakistan am stärksten mit Feinstaub verschmutzt. Der ermittelte Wert ist mehr als 14-mal höher als der von der WHO festgelegte Richtwert zum Schutz der menschlichen Gesundheit. Dasselbe Bild zeichnet sich beim Feinstaub mit einem Partikeldurchmesser von 2,5 μm ab. Der ermittelte Wert von 101 $\mu g/m^3$ überschreitet den Richtwert der WHO von 10 $\mu g/m^3$ um das Zehnfache. Ähnlich hohe Feinstaubwerte findet man in den Städten von Afghanistan, das nach Pakistan die höchsten Feinstaubwerte mit einem Partikeldurchmesser von 10 μm aufweist. Der Wert für PM10 beträgt 268 $\mu g/m^3$ und ist damit mehr als 13-mal höher als der Richtwert der WHO. Im Wüstenstaat Katar ist die Luft nach Pakistan am stärksten mit Feinstaub PM2.5 verschmutzt. Mit 92 $\mu g/m^3$ ist er nur geringfügig niedriger, als der ermittelte Wert in Pakistan.

Auffallend ist, dass die Volksrepublik China nicht unter den 10 am stärksten mit Feinstaub PM10 verschmutzten Städten zu finden ist. Der Jahresdurchschnittswert der 112 chinesischen Städte liegt mit 90 µg/m³ dennoch sehr deutlich über dem Richtwert der WHO, der bei 20 µg/m³ liegt. Der Richtwert der WHO wird nur von insgesamt 15 Ländern eingehalten. Zu ihnen zählen Norwegen, Malediven, USA, Monaco, Luxemburg, Irland, Schweden, Neu Seeland, Estland, Dänemark, Finnland, Brunei, Kanada, Australien und Island. Island weist dabei mit 9 µg/m³ den am niedrigsten gemessenen Durchschnittswert auf.

Beim Feinstaub mit einem Partikeldurchmesser von 2,5 µm zeichnet sich ein ähnliches Bild ab wie beim Feinstaub PM10. Hier wird der Richtwert der WHO (10 µg/m³) von nur 13 Ländern eingehalten. Ebenfalls ist hier Island mit einem Durchschnittswert von 5 µg/m³ am wenigsten mit Feinstaub PM2.5 belastet. Bhutan, Japan, Irland, Malediven, Schweden, Norwegen, Kanada, Neu Seeland, Finnland, Estland, Australien und Bhutan überschreiten den von der WHO empfohlenen Richtwert nicht. Zu den zehn am meisten mit PM2,5 belasteten Länder zählen Pakistan, Katar, Afghanistan, Bangladesch, Iran, Ägypten, Mongolei, Vereinigte Arabische Emirate, Indien und Bahrain.

Nachfolgende Tabelle listet die von der WHO untersuchten Staaten und ihre Feinstaubwerte PM10 in absteigender Reihenfolge auf.

Land	PM10 in µg/m³
Pakistan	282
Afghanistan	268
Bahrain	254
Senegal	179
Qatar	165
Bangladesh	163
United Arab Emirates	161
Mongolia	140
Egypt	136
India	134
Jordan	128
Iran	127
Nepal	114
Ghana	98
China	90
Saudi Arabia	87

Land	PM10 in µg/m³
Oman	82
Mexico	79
Mauritius	72
Myanmar	69
Vietnam	65
Chile	64
Sri Lanka	64
Israel	64
Lebanon	63
Peru	63
Turkey	58
Honduras	58
Bulgaria	58
South Africa	56
Serbia	53
Bolivia	51
Republic of Korea	51
Philippines	50
Bosnia and Herzegovina	49
Indonesia	48
Venezuela	47
Guatemala	45
Colombia	43
Brazil	41
Romania	39
Poland	39
Thailand	39
Ecuador	38
Jamaica	36
Cyprus	36
Unit. Rep. of Tanzania	35
Slovakia	34
Hungary	33
Russian Federation	33
Italy	32

Land	PM10 in µg/m³
Slovenia	31
Costa Rica	31
Argentina	30
Czech Republic	29
Malaysia	29
Portugal	27
Uruguay	27
Singapore	27
Austria	27
Belgium	27
Greece	26
Netherlands	25
France	25
Belarus	24
Andorra	24
Spain	23
Bhutan	23
Latvia	23
Germany	23
Lithuania	23
Switzerland	23
Japan	21
United Kingdom	21
Norway	20
Maldives	20
United States of America	20
Monaco	20
Luxembourg	18
Ireland	18
Sweden	17
New Zealand	16
Estonia	13
Denmark	13
Finland	12
Brunei Darussalam	12

Land	PM10 in µg/m³
Canada	11
Australia	10
Iceland	9

Tabelle 6: Weltweite Feinstaubbelastung (PM10)

Quelle: WHO 2014c

4.1.2 Städte

Durch die stetig wachsende Anzahl an Menschen, die in urbanen Räumen leben, kommt der Luftreinhaltung eine besondere Bedeutung zu. Wie im Kapitel 3.4. bereits aufgezeigt, kommt es für Menschen, die in urbanen Räumen leben, zu starken gesundheitlichen Einbußen durch die schadstoffbelastete Luft. Aufgrund der wachsenden Weltbevölkerung wird sich das Problem verschärfen, sofern keine geeigneten Maßnahmen ergriffen werden, um die Belastung der Luft durch Schadstoffe zu verringern. Besonders in den urbanen Räumen der Entwicklungsländer sind die Werte für Feinstaub jenseits der Richtwerte der Weltgesundheitsorganisation. Aber auch in den westlichen Ländern werden die Richtwerte häufig überschritten. Die Überschreitungen sind hier jedoch nicht so dramatisch im Vergleich zu den Entwicklungsländern, tragen jedoch auch zu gesundheitlichen Problemen bei.

4.1.2.1 Asien und naher Osten

Viele Millionenstädte oder Megastädte weisen eine deutlich zu hohe Feinstaubbelastung auf. Hier betrifft es vor allem Städte der Entwicklungsländer. Mit einem Jahresdurchschnittswert von 286 µg/m³ (PM10) und 153 µg/m³ (PM2.5) ist die indische Megastadt Delhi die am meisten mit Feinstaub belastete Megastadt der Welt. Der Jahresdurchschnitt von Feinstaub mit einem Partikeldurchmesser von 10 µm ist in Delhi um mehr als das 14 fache höher als der empfohlene Richtwert der WHO. Der Feinstaubwert für Feinstaub mit einem Partikeldurchmesser von 2,5 µm überschreitet den Richtwert der WHO sogar um mehr als das 15fache. Höhere PM2.5 Werte findet man in keinem urbanen Raum der Welt wieder. Die pakistanische Millionenstadt Peshawar mit einer Einwohnerzahl von ca. 3 Millionen weist beim PM10 Wert noch einen höheren Jahresdurchschnittwert auf als Delhi, nicht jedoch bei PM2.5. Der PM10 Wert beträgt 540 µg/m³ und überschreitet damit den Richtwert der WHO um das 27 fache. Damit ist die pakistanische Stadt, laut der Studie der WHO, der am meisten mit Feinstaub PM10 belastete urbane Raum der Erde. Auch die restlichen Städte in Pakistan weisen extrem hohe

Belastungen auf. Millionenstädte wie Rawalpindi, Lahore und Karatschi sind so stark mit Feinstaub belastet, dass sie den Richtwert der WHO mehr als deutlich überschreiten. Karatschi ist zudem nach Delhi die am stärksten mit Feinstaub PM10 belastete Megastadt der Erde. Ebenfalls sehr stark belastet ist die Luft in der iranischen Millionenstadt Ahvaz. Ihr Jahresdurchschnittswert von Feinstaub PM10 liegt mit 320 µg/m³ sogar über dem von Delhi.

Die chinesische Hauptstadt Peking, die wegen starker Luftverschmutzung öfter in den Medien erwähnt wird, liegt mit 121 µg/m³ Feinstaubbelastung (PM10) deutlich hinter den indischen und pakistanischen Städten. Sie überschreitet den Richtwert der WHO aber dennoch sehr stark, und zwar um das Sechsfache. Der vom chinesischen Ministerium für Umweltschutz festgelegte Grenzwert von 70 µg/m³ wird damit um 51 µg/m³ überschritten. Beim Feinstaub PM2.5 sieht es ähnlich aus. Mit 56 µg/m³ wird der Richtwert der WHO beinahe um das Sechsfache überschritten und der chinesische Grenzwert um 21 µg/m³. Peking ist allerdings nicht die am stärksten mit Feinstaub belastete Stadt in der Volksrepublik China. Urbane Räume wie Lanzhou, Urumqi, Xi'an und Xining sind deutlich stärker belastet. Die überwiegende Zahl der untersuchten chinesischen Städte überschreitet die nationalen Grenzwerte teilweise sehr deutlich. Der Richtwert der WHO wird in keinem chinesischen urbanen Raum eingehalten. Dies ist aber nicht verwunderlich, da es selbst für die westlichen Länder schwierig ist, die Richtwerte der WHO einzuhalten.

Eine eher weniger durch Feinstaub belastete Luft findet man in den urbanen Räumen Japans vor. Die Hälfte der untersuchten Städte überschreitet den Richtwert der WHO für PM10 nicht. Beim Feinstaub PM2.5 gibt es sogar noch weniger Überschreitungen. Lediglich 2 Städte überschreiten hier den Richtwert. Tokio wurde in der Analyse nicht berücksichtigt. Das direkt an Tokio angrenzende Yokohama mit ca. 3 Millionen Einwohnern weist hingegen nur einen Messwert (PM10) von 22 µg/m³ auf. Der Richtwert der WHO wird lediglich um 2 µg/m³ überschritten. Der PM2.5 Wert beträgt 10 µg/m³ und überschreitet den Richtwert der WHO nicht.

4.1.2.2 Europa

In Europa werden die Richtwerte der WHO hingegen nur knapp überschritten. Am stärksten belastet sind hier die osteuropäischen Staaten. Bulgarien, Serbien, Bosnien, Rumänien und Polen weisen dabei die am stärksten durch Feinstaub belastete Luft auf. Die bulgarische Stadt Pernik überschreitet den PM10 Richtwert der WHO beinahe um das Vierfache. Auch der PM2.5 Richtwert wird überschritten und zwar um ca. das Fünffache. Damit ist die bulgarische Stadt, laut der Studie der WHO, der am meisten mit Feinstaub belastete urbane Raum in Europa. Die Grenzwerte der Europäischen Union werden weder für PM10 noch für PM2.5 eingehalten.

Die Millionenstädte in Europa weisen hingegen deutlich niedrigere Werte auf. London überschreitet mit einem PM10 Wert von 22 µg/m³ den vorgegebenen Richtwert der WHO um nur 2 µg/m³. Der europäische Grenzwert wird hingegen nicht überschritten. Feinstaub PM2.5 wird hier um 6 µg/m³ überschritten. Dasselbe Bild zeichnet sich bei der französischen Hauptstadt Paris ab. Der Jahresdurchschnittswert für Feinstaub PM10 wird um 4 µg/m³ überschritten und PM2.5 um 7 µg/m³. Im Gegensatz zu London und Paris überschreitet Rom die Richtwerte der WHO etwas deutlicher. 12 µg/m³ beim Feinstaub PM10 und der PM2.5 Wert wird um das Doppelte überschritten.

Der am wenigsten mit Feinstaub belastete urbane Raum in Europa ist die isländische Stadt Hafnarfjordur mit nur knapp 27.000 Einwohnern. Die ermittelten Feinstaubwerte betragen hier nur 9 µg/m³ (PM10) und 4 µg/m³ (PM2.5). Auch die restlichen urbanen Räume in Island sind kaum durch Feinstaub belastet. Ebenfalls sehr niedrige Feinstaubwerte findet man in der Hauptstadt von Estland. Tallin überschreitet weder die Grenzwerte der EU noch die Richtwerte der WHO. Mit einer jährlichen Durchschnittsbelastung von 13 µg/m³ (PM10) und 7 µg/m³ (PM2.5) liegt die estnische Hauptstadt deutlich unter dem Richtwert der WHO und dem Grenzwert der EU. Mit einer Einwohnerzahl von ca. 400.000 ist dieser Wert beachtlich.

4.1.2.3 Nordamerika, Südamerika und Australien

Urbane Räume in Nordamerika sind deutlich weniger mit Feinstaub belastet als in Südamerika. Nur wenige Städte in den Vereinigten Staaten überschreiten die Richtwerte der WHO. In der Stadt Lake Havasu City in Arizona wurden die niedrigsten Feinstaubwerte gemessen. Der Jahresdurchschnittswert für Feinstaub PM10 liegt bei 6 µg/m³ und der für PM2.5 bei 4 µg/m³. Die großen Städte in den Vereinigten Staaten überschreiten die Richtwerte der WHO nur um ein paar Mikrogramm, wie beispielsweise Chicago. Der Richtwert für PM10 wird hier nur um 2 µg/m³ und der für PM2.5 nur um 3 µg/m³ überschritten. In New York wurde eine Feinstaubbelastung von 23 µg/m³ (PM10) und 14 µg/m³ (PM2.5) gemessen. Auch hier wird der Richtwert nur minimal überschritten. Etwas stärker sind allerdings die urbanen Räume in Kalifornien belastet. Man hat hier die höchsten Feinstaubwerte in der kalifornischen Stadt Fresno gemessen. Bei Feinstaub PM10 wird mit 74 µg/m³ der Richtwert der WHO um beinahe das Dreifache überschritten. Der Richtwert für PM2.5 liegt in Fresno bei 45 µg/m³ und überschreitet den Richtwert um mehr als das Vierfache. Das ist allerdings ein Ausnahmefall, solche hohen Überschreitungen findet man sonst in keiner Stadt der Vereinigten Staaten wieder. Die mit knapp 4 Millionen Einwohner zählende Millionenstadt Los Angeles zählt mit 33 µg/m³ (PM10) und 20 µg/m³ (PM2.5) ebenfalls zu den eher stärker mit Feinstaub belasteten urbanen Räumen der USA. Die Überschreitungen der Richtwerte sind aber nicht so stark ausgeprägt wie im Fall von Fresno. Dennoch wird der Richtwert für PM2.5 um das Doppelte überschritten.

Nicht ganz so sauber wie in den urbanen Räumen der Vereinigten Staaten ist die Luft in den Städten Kanadas. Am stärksten verschmutzt ist hier die Stadt Calgary mit knapp einer Million Einwohnern. Der Richtwert für PM10 wird hier beinahe um das Dreifache überschritten. Der Richtwert für PM2.5 wird allerdings eingehalten. Die Stadt Red Deer, die nördlich von Calgary liegt, weist ebenfalls einen viel zu hohen Jahresdurchschnittswert für Feinstaub PM10 auf. Er ist doppelt so hoch wie der Richtwert der WHO. Der Jahresdurchschnittswert wird aber um 4 µg/m³ überschritten. Montreal mit über einer Million Einwohnern überschreitet den Richtwert für Feinstaub PM10 ebenfalls, aber nicht so deutlich wie Calgary und Red Deer, Toronto hingegen nur marginal um 4 µg/m³. Die Richtwerte für PM2.5 werden aber in Montreal und Toronto eingehalten. Dennoch sind diese Werte für urbane Räume mit mehreren Millionen Einwohnern sehr gut.

Paradebeispiele für eine saubere Luft sind die urbanen Räume Australiens. Alle 15 untersuchten Städte halten die Richtwerte der WHO für PM10 und PM2.5 ein. Mit über 4 Millionen Einwohnern ist Sydney wohl die am wenigsten mit Feinstaub belastete Millionenstadt der Welt. Die gemessenen Feinstaubwerte liegen bei nur 9 µg/m³ (PM10) und 5 µg/m³ (PM2.5). Selbst kleinere Städte Australiens weisen eine höhere Belastung auf. Die Luft in Melbourne ist doppelt so stark mit Feinstaub PM10 belastet wie in Sydney, überschreitet aber den Richtwert der WHO auch nicht.

4.1.2.4 Weltweite Übersicht

Nachfolgende Abbildung zeigt eine Übersicht der Feinstaubelastung mit einem Partikeldurchmesser von 10 µm in den von der WHO untersuchten urbanen Räumen der Erde. Deutlich zu erkennen ist die Feinstaubbelastung in Indien und in

China. Ebenfalls kann man die geringe Luftbelastung durch Feinstaub in den USA, Australien und Nordeuropa erkennen.

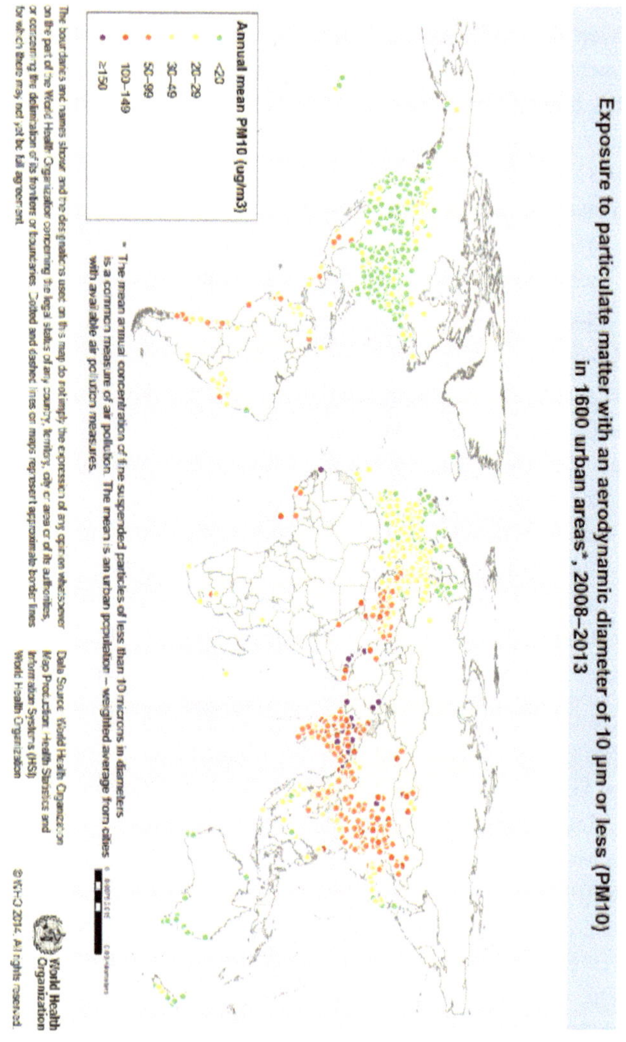

Abbildung 14: Feinstaubbelastung (PM10) in 1600 urbanen Räumen

Quelle: WHO

Die jährliche Durchschnittskonzentration von Feinstaub mit einem Partikeldurchmesser von 2,5 µm, in einer weltweiten Übersicht, stellt Abblidung 15 dar.

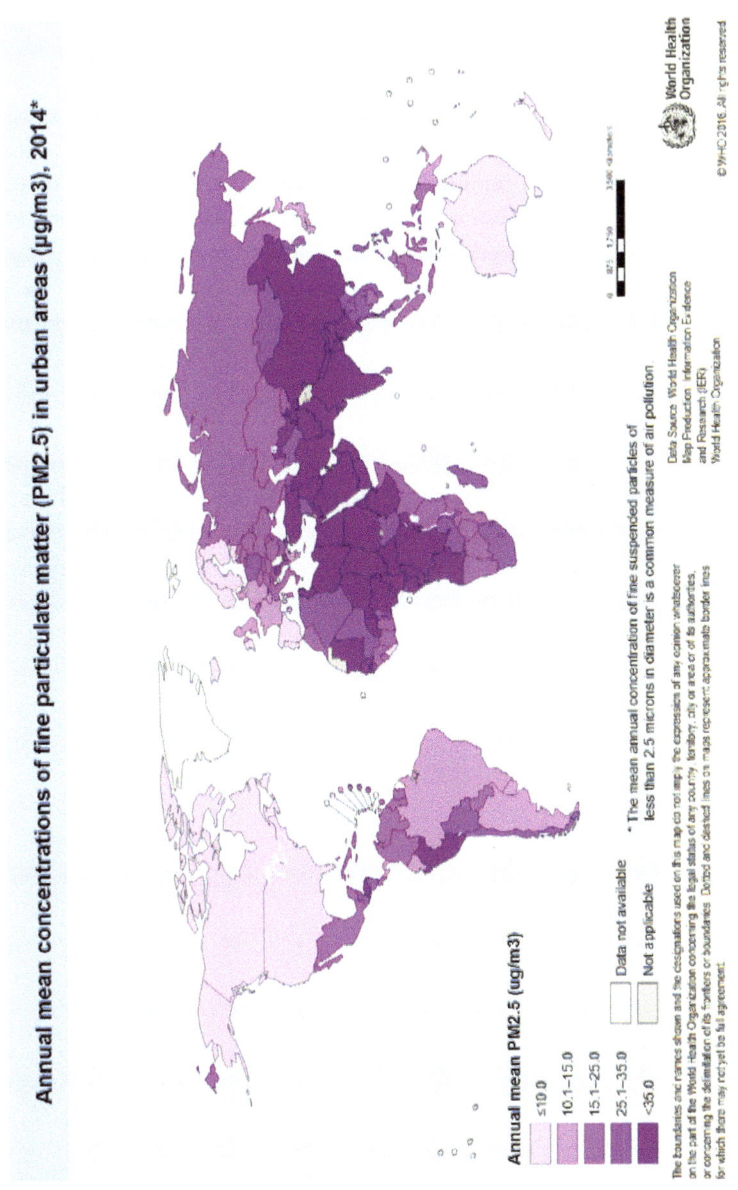

Abbildung 15: Feinstaubbelastung (PM2.5) in urbanen Gebieten

Quelle: WHO

4.2 Stickstoffdioxidbelastung

Der Satellit „Aura" der NASA besitzt die Möglichkeit, mit Hilfe des „Ozone Monitoring Instrument" die Stickstoffdioxidkonzentrationen in der Atmosphäre aufzuzeichnen. Von 2005 bis 2014 führte die NASA mit Hilfe dieses Instruments eine Analyse der weltweiten Stickstoffdoxidbelastung durch. Es stellte sich heraus, dass es in Europa, den Vereinigten Staaten und Japan zu Verbesserungen der Stickstoffdioxidbelastung gekommen ist. China und Indien zeigen hingegen eine Zunahme der Belastung der Luft durch Stickstoffdioxid. Die Gründe hierfür liegen in den schnell wachsenden Volkswirtschaften und der expandierenden Industrie.

4.2.1 Europa

Abbildung 16 visualisiert die Stickstoffdioxidbelastung über dem europäischen Kontinent. Das linke Bild zeigt die Luftbelastung im Jahr 2005 und im rechten Bild ist die Luftbelastung von 2014 dargestellt. Man kann in den Bildern einen allgemeinen Rückgang der Stickstoffdioxidbelastung über Europa erkennen. Im Südosten Großbritanniens im Norden Frankreichs, in Norditalien und in den urbanen Räumen Spaniens ist die Luft 2014 deutlich weniger belastet als im Jahr 2005.

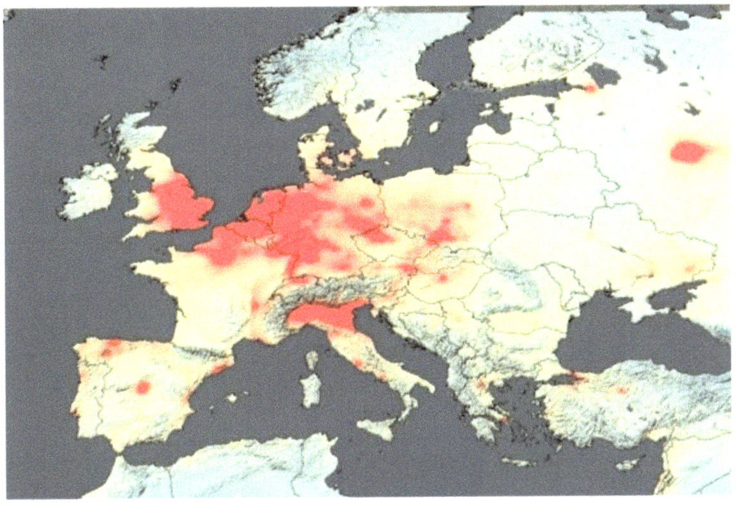

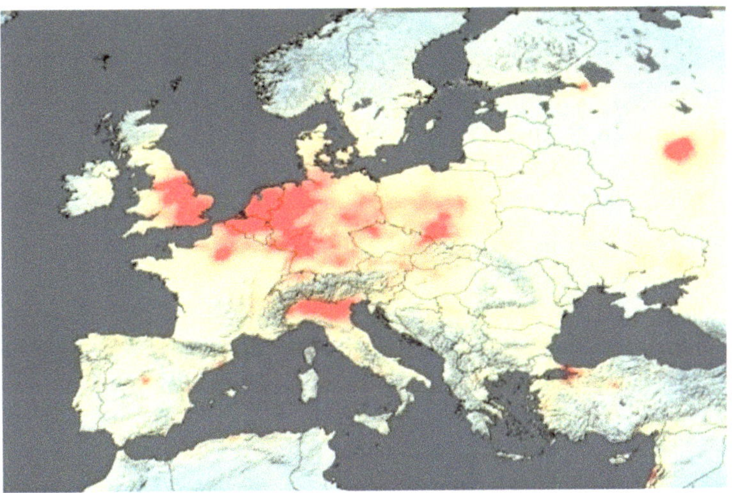

Abbildung 16: Stickstoffdioxidkonzentrationen 2005 (oben) und 2014 (unten) in Europa

Quelle: NASA

Abbildung 17 verdeutlicht den Wandel der Stickstoffdioxidbelastung zwischen 2005 und 2014. Die blauen Bereiche deuten auf eine Reduktion der Luftbelastung durch Stickstoffdioxid hin. Dabei gilt, je stärker der Blauton desto stärker der Rückgang des Luftschadstoffs im zuvor genannten Zeitraum. Die roten bzw. orangen Bereiche deuten auf eine Zunahme der Luftbelastung hin. Dies ist jedoch kaum der Fall mit Ausnahme vom Nordwesten Niedersachsens, in Schleswig Holstein, Frysland im Norden der Niederlande und in Teilen von Polen. Hier ist es zwischen 2005 und 2014 zu einer leichten Zunahme der Stickstoffdioxidbelastung gekommen.

Abbildung 17: Rückgang der Stickstoffdioxidkonzentrationen in Europa

Quelle: NASA

4.2.2 Vereinigte Staaten von Amerika

In den Vereinigten Staaten zeichnet sich hinsichtlich der Stickstoffdioxidbelastung in der Luft ein ähnliches Bild ab wie in Europa. Auch hier ist es zu einer deutlichen Abnahme der Konzentration in der Atemluft seit 2005 gekommen. Die Konzentrationen des Luftschadstoffs sind jedoch in den urbanen Räumen noch zu hoch. Die stärkste Reduktion von Stickstoffdioxid fand im Nordosten der USA statt und in Los Angeles (vgl. Abbildung 18).

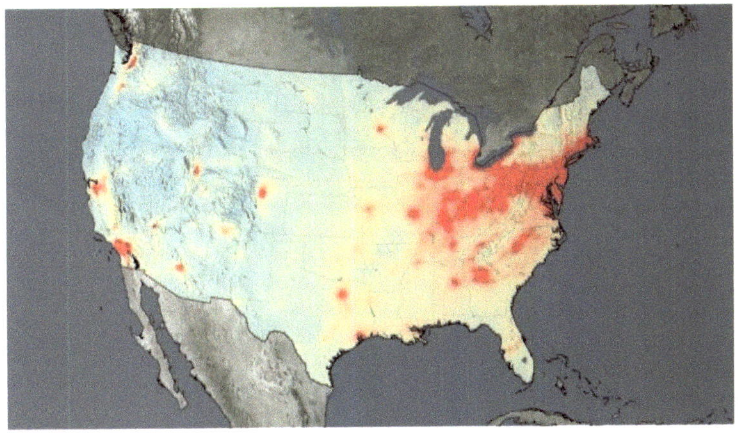

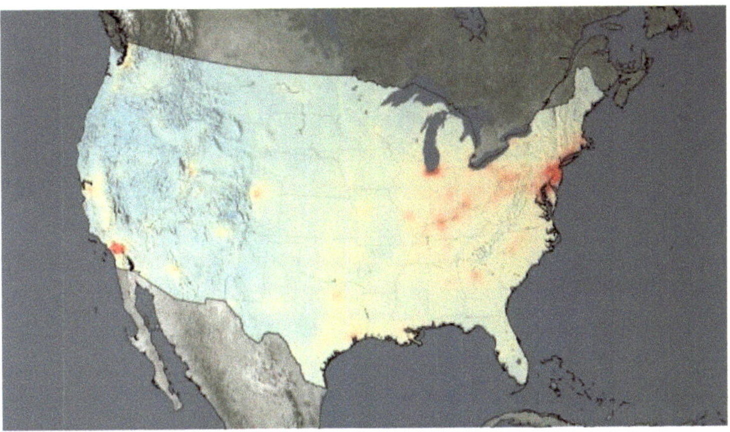

Abbildung 18: Stickstoffdioxidkonzentrationen in den USA 2005 (oben) und 2014 (unten)

Quelle: NASA

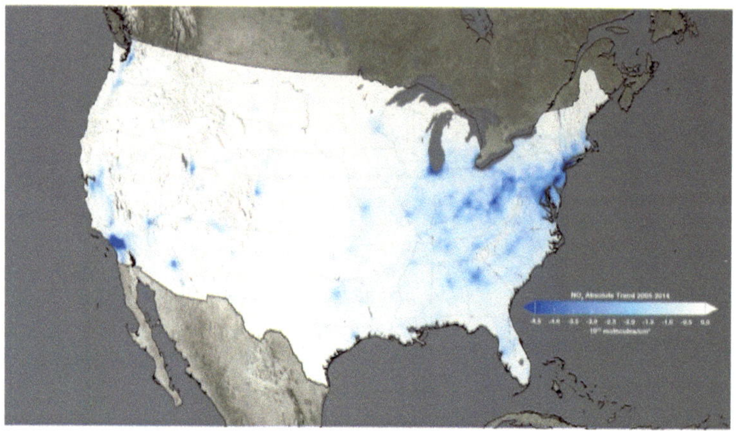

Abbildung 19: Rückgang der Stickstoffdioxidkonzentrationen in den USA

Quelle: NASA

4.2.3 VR China und Japan

Betrachtet man die Stickstoffdioxidkonzentrationen in China und in Japan, so lässt sich in Japan ein Rückgang des Luftschadstoffs in den urbanen Räumen im Zeitraum von 2005 bis 2014 feststellen. Der stärkste Rückgang findet dabei in den Metropolen Tokio und Osaka statt. Ganz anders sieht es in der Volksrepublik China aus. Hier ist eine eindeutige Zunahme der Luftbelastung durch Stickstoffdioxid zu erkennen. Die stärkste Zunahme ist dabei im Osten des Landes in den Bezirken Shandong, Henan und Shanxi zu verzeichnen. Die Hauptstadt Peking weist überraschenderweise einen Rückgang der Stickstoffdioxidkonzentrationen in der Luft auf. Ebenso fand eine Reduktion in der Millionenmetropole Hong Kong im Zeitraum 2005 bis 2014 statt (vgl. Abbildung 20).

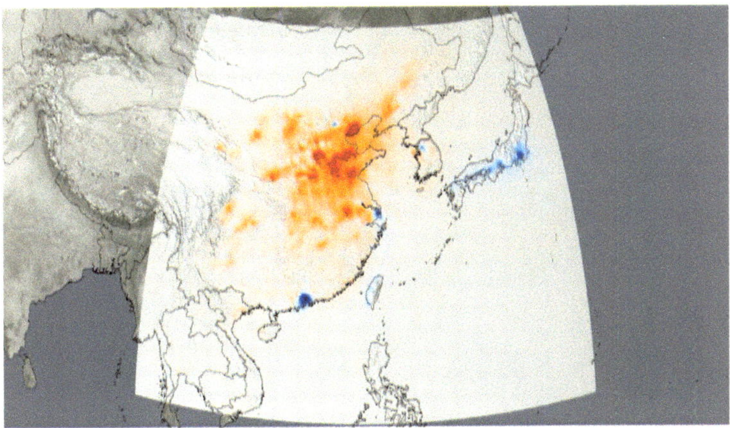

Abbildung 20: Trend der Stickstoffdioxidkonzentration in China und Japan

Quelle: NASA

Obwohl es in China (in der Hauptstadt Peking, in Hong Kong und in Shanghai) und in Japan zu Verbesserungen der Luftbelastung durch Stickstoffdioxid gekommen ist, ist die Belastung durch diesen Schadstoff immer noch zu hoch und überschreitet die Grenzwerte, die zum Schutz der Gesundheit festgelegt sind. Die Verschmutzung durch Stickstoffdioxid ist in der Volksrepublik China flächendeckend im gesamten östlichen Raum des Landes vorzufinden und erstreckt sich über mehrere hundert Kilometer.

Auch in Indien ist die Luftbelastung in den urbanen Räumen noch viel zu hoch. Hier ist anders als in China die Belastung inselhaft auf die großen Städte beschränkt (vgl. Abbildung 21)

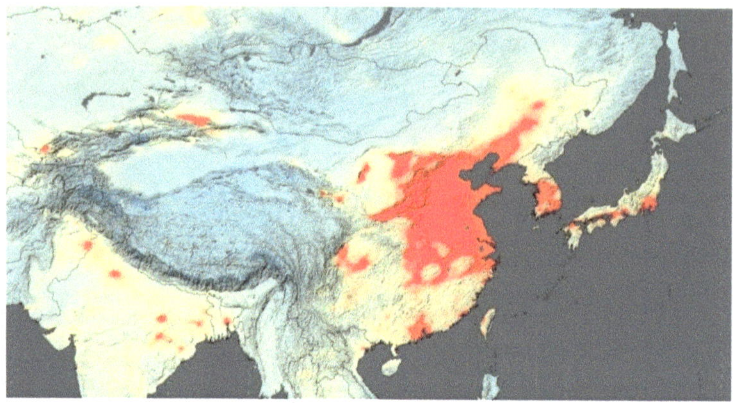

Abbildung 21: Stickstoffdioxidbelastung im Ostasiatischen Raum 2014

Quelle: NASA

4.3 Ozonbelastung

Bei klarem blauen Himmel, hohen Temperaturen und einer starken UV-Strahlung können im Sommer die Ozonkonzentrationen in Städten über mehrere Tage hinweg stark ansteigen und Konzentrationen in der Luft erreichen, die über 200 µg/m³ liegen. Die Konzentrationen können im städtischen Umland höher sein als in der Kernstadt, da das Ozon in der Stadt durch das Stickstoffmonoxid, das vom Straßenverkehr emittiert wird, abgebaut wird. Durch die hohen Temperaturen sind urbane Gebiete in südlicheren Breiten einer erhöhten Belastung dieses Luftschadstoffes ausgesetzt. In Städten, die in Küstennähe liegen, kann der Land-See-Wind den Luftschadstoff über mehrere Tage hinweg ins städtische Gebiet zurücktransportieren (EUROPEAN ENVIRONMENT AGENCY o.J).

In den nachfolgenden Kapiteln wird die Entwicklung der Ozonbelastung in den Vereinigten Staaten, Europa und in der Volksrepublik China analysiert.

4.3.1 Vereinigte Staaten von Amerika

Bodennahes Ozon gilt in den USA als der problematischste Luftschadstoff. Die Konzentrationen sind besonders im Westen, in Kalifornien sehr hoch. Dennoch ist hier der Trend der Ozonentwicklung rückläufig. Im Zeitraum von 2000 bis 2014 fand eine 9 %ige Senkung der Ozonkonzentration im Westen statt. Im Süden ist allerdings der Rückgang noch ausgeprägter. Hier fand eine 24%ige Senkung im zuvor genannten Zeitraum statt. Insgesamt, auf nationaler Ebene, ist laut den Aufzeichnungen der Environmental Protection Agency im Zeitraum von 2000 bis

2014 eine Abnahme der Ozonkonzentration von 18% zu verzeichnen. (ENVIRON-MENT PROTECTION AGENCY 2016).

Nachfolgende Tabelle listet die Reduktion der Ozonkonzentrationen (2000 bis 2014) der Vereinigten Staaten nach den klimatischen Regionen auf.

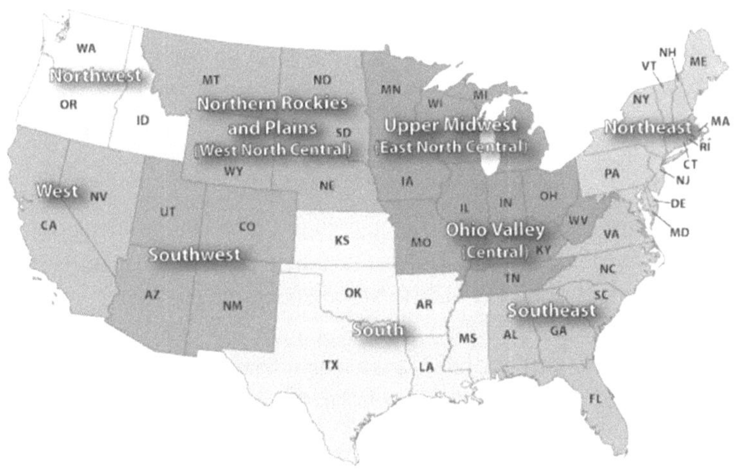

Abbildung 22: Klimatische Regionen in den Vereinigten Staaten

Quelle: Environment Protection Agency 2016

Klimatische Region	Reduktion der Ozonkonzentration
Northwest	5%
West	9%
West North Central	3%
Southwest	11%
South	24%
Southeast	24%
Central	21%
East North Central	11%
Northeast	20%

Tabelle 7: Reduktion der Ozonkonzentration in den Vereinigten Staaten

Quelle: Environment Protection Agency 2016

In Los Angeles, wo es durch die geografische Lage zu erhöhten Ozonkonzentrationen besonders im Sommer kommt, wird der nationale Luftgütestandard (8 Stunden Mittelwert) von 0,070 ppm seit 2005 eingehalten. Jedoch bewegen sich die gemessenen Werte genau an der Grenze. In San Francisco fällt die Ozonbelastung deutlich geringer aus. Hier bewegt sich die Ozonkonzentration seit Jahren um die 0,050 ppm. Ebenfalls sehr stark mit Ozon belastet ist die Stadt Las Vegas. Die Werte liegen hier auf Grenzwertniveau. Ein Rückgang ist in den Texanischen Metropolen Dallas und Houston zu verzeichnen, die einst deutlich über dem Grenzwert von 0,070 ppm lagen. Aber nicht nur die urbanen Räume im Süden sind von einer hohen Ozonbelastung geprägt, auch im Norden, beispielsweise in Chicago, herrschen Konzentrationen, die des öfteren die nationalen Grenzwerte überschreiten.

4.3.2 Europa

Die Ozonkonzentrationen in der Europäischen Union sind in den letzten Jahren relativ konstant. Ein deutlicher Unterschied lässt sich allerdings im Hinblick auf die Verteilung der Ozonwerte auf die Messstationen feststellen. Bezogen auf den 8 Stunden Maximum Wert fällt die Konzentration von Ozon an den Messstellen im ländlichen Raum deutlich höher aus als im urbanen Raum. Mit einer Konzentration von 76 µg/m³ ist die Belastung in ländlichen Räumen im Vergleich zu 68 µg/m³ in urbanen Räumen deutlich höher. Messstationen, die an verkehrsnahen Stellen die Ozonkonzentrationen aufzeichnen, weisen hingegen die niedrigsten Werte auf. Gemessen wurden hier 63 µg/m³. Diese im Vergleich zu den ländlichen Räumen und zu den urbanen Räumen niedrigen Werte beruhen darauf, dass das Ozon in Präsenz von Stickstoffmonoxid, das vermehrt in urbanen Räumen zu finden ist, sehr schnell oxidiert wird. Die zuvor genannten Werte gelten für das Jahr 2012 (EUROPÄISCHE UMWELTAGENTUR 2015).

Betrachtet man die Konzentration des Luftschadstoffs über einen längeren Zeitraum, wie dies in Abbildung 23 ersichtlich ist, so zeigt sich, dass es grundsätzlich zu einem Rückgang der Konzentrationen über Europa gekommen ist. Ausnahmen sind hier allerdings Spanien, Italien und Bulgarien. Hier gab es zwischen 2002 bis 2011 in einigen Gebieten einen Anstieg zu verzeichnen.

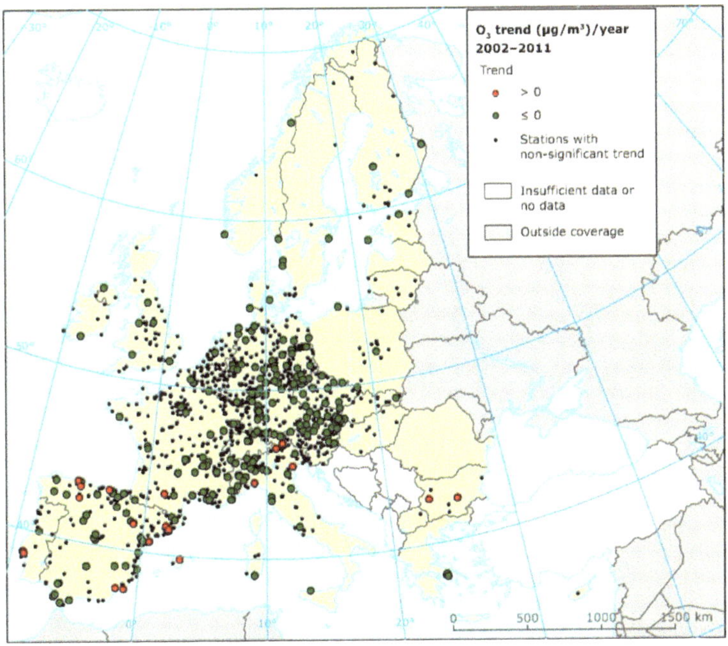

Abbildung 23: Rückgang der Ozonkonzentration in Europa 2002 – 2011

Quelle: Europäische Umweltagentur 2015

4.3.3 VR China

Abbildung 24 zeigt die durchschnittlichen Ozonkonzentrationen vom Juli 2014 in der Volksrepublik China. Man kann erkennen, dass es im Süden des Landes zu geringeren Konzentrationen des Luftschadstoffs kommt als im Norden. Die höchsten Ozonkonzentrationen findet man im Osten, Nordosten und Nordwesten des Landes. Betrachtet man die Konzentrationen in den urbanen Räumen, so lässt sich feststellen, dass sie im Vergleich zu den umliegenden Gebieten deutlich geringer ausfallen. Die am stärksten mit Ozon belasteten Gebiete findet man in den direkt an den urbanen Raum angrenzenden ländlichen Gebieten. Wie schon in vorherigem Kapitel erwähnt, kommt es durch die Oxidation des Ozons in Städten durch das Stickstoffmonoxid des Straßenverkehrs zu geringeren Konzentrationen.

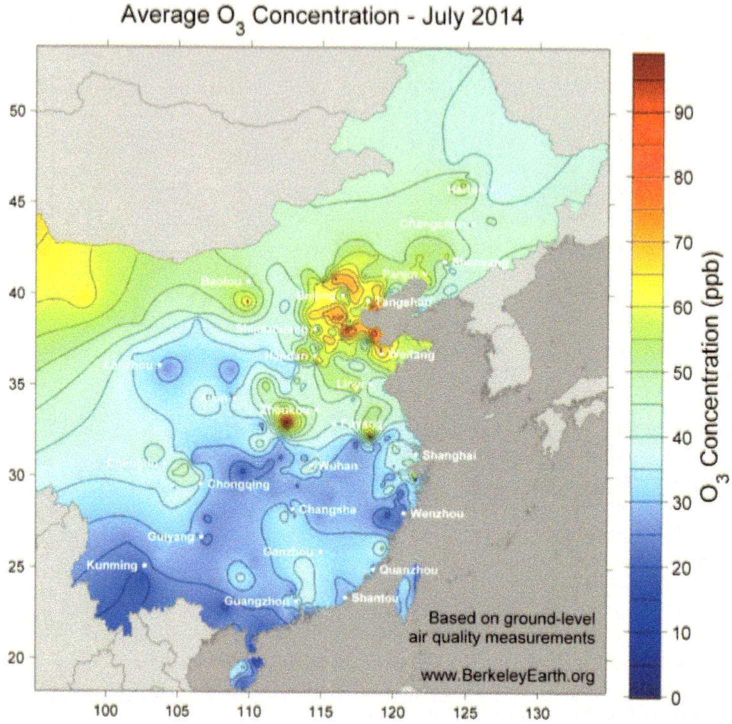

Abbildung 24: Durchschnittliche Ozon Konzentrationen in der VR China Juli 2014

Quelle: Berkeley Earth

Im Winter hingegen sinkt die Ozonbelastung in der Volksrepublik auf ein Minimum. Lediglich im Nordwesten findet man etwas höhere Werte als im Rest des Landes (vgl. Abbildung 25). Schlussendlich lässt sich festhalten, dass der Luftschadstoff Ozon in der Volksrepublik eine eher untergeordnete Rolle spielt im Vergleich zu der extrem hohen Feinstaubbelastung und der Stickstoffdioxidbelastung.

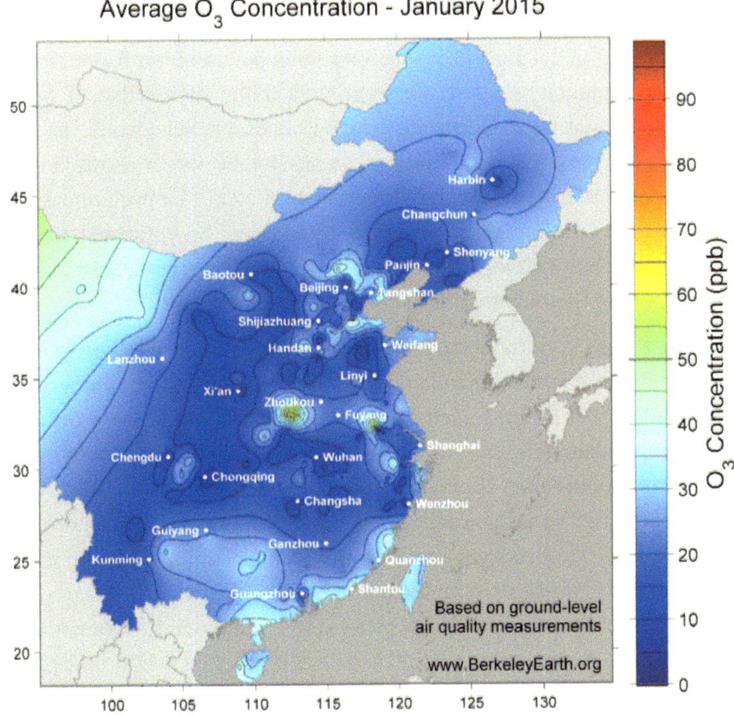

Abbildung 25: Durchschnittliche Ozon Konzentrationen in der VR China Jänner 2015

Quelle: Berkeley Earth

5 Räumliche Auswirkungen

Die Verschmutzung der Luft in urbanen Räumen hat nicht nur Auswirkungen auf die lokale Luftqualität, sondern sie sorgt auch dafür, dass selbst in weiträumig entfernten Gebieten noch Belastungen der Luft durch Schadstoffe nachweisbar sind. Ballungsgebiete, die hohe Emissionen ausstoßen, sorgen somit in umliegenden und in weitentfernten Gebieten für einen Anstieg der Umweltverschmutzung, sofern es die meteorologischen Verhältnisse zulassen. So verursachten beispielsweise britische Schwefeldioxid Emissionen im vorherigen Jahrhundert einen deutlich erhöhten Säureeintrag in Skandinavien (FABIAN 1992: 79).

Für die räumliche Verteilung der Schadstoffe spielen die meteorologischen Verhältnisse eine entscheidende Rolle. Hier sind vor allem Luftströmungen von Bedeutung. Auf lokaler Ebene tragen die komplexen Luftzirkulationen die in Kapitel 2 bereits besprochen worden sind, dazu bei, dass sich die Schadstoffe im urbanen Raum und im suburbanen Raum verteilen. Auf regionaler bzw. globaler Ebene hingegen hängt die Verteilung allerdings von großräumigeren meteorologischen Bedingungen ab. Tiefdruckgebiete sorgen allgemein dafür, dass die mit Schadstoffen belastete Luft aufsteigt und dann in höheren Luftschichten mit dem Wind über weite Distanzen transportiert werden kann. Schlussendlich bewirken Hochdruckgebiete ein Absinken der mit Schadstoffen belasteten Luft und eine Akkumulation dieser durch die austauscharmen meteorologischen Bedingungen im Hochdruckgebiet.

Grundsätzlich lässt sich festhalten, dass der Transport von Luftschadstoffen von folgenden Faktoren abhängt:

- Von den meteorologischen Bedingungen, wie Windgeschwindigkeit, Windrichtung und atmosphärischer Stabilität

- Von der Emissionshöhe der Schadstoffquelle wie beispielsweise bodennahe Emissionen, wie sie beim KFZ Verkehr emittiert werden oder Emissionen, die aus hohen Kaminen ausgestoßen werden.

- Den lokalen und regionalen geographischen Bedingungen

- Die Quelle des Schadstoffes, die unterschieden wird in fixe Emissionsquellen und diffuse Emissionsquellen. Zu den fixen Emissionsquellen zählen z.B. Schornsteine von Industrieanlagen, zu den diffusen Quellen lässt sich der Straßenverkehr rechnen

Während des Transports der Luftschadstoffe über weite Distanzen sind die Luftschadstoffe verschiedenen Prozessen ausgesetzt, wie z.B. einer chemischen Umwandlung in andere Substanzen oder einer Verdünnung durch die Luft (EUROPEAN ENVIRONMENT AGENCY 2016).

In Europa und den USA trat 1983 das Übereinkommen über weiträumige grenzüberschreitende Luftverunreinigung (Convention on Long-range Transboundary Air Pollution (CLRTAP) in Kraft. Ursprünglich wurde es gegründet, um die schädlichen Auswirkungen von saurem Regen in Europa einzudämmen. Die Luftverschmutzung durch Schwefeldioxid, das hauptsächlich für den sauren Regen verantwortlich ist, wurde mit Hilfe des Übereinkommens um 70 % im Zeitraum von 1990 bis 2006 in Europa eingedämmt. Aber auch in den USA fand eine Reduktion statt. Eine 36 %ige Senkung verzeichnete man hier durch die Maßnahmen des CLRTAP. Ebenfalls fand eine Reduktion von Stickoxiden durch das Übereinkommen statt. Der Rückgang betrug in Europa 35 % und in den Vereinigten Staaten 23 %. Die Feinstaub PM10 Emissionen wurden ebenfalls durch das CLRTAP gesenkt. Die Reduktion entsprach 28% in der EU. Außer Schwefeldioxid, Stickoxiden und Feinstaub wurden in dem Übereinkommen flüchtige organische Verbindungen (VOC), Schwermetalle und langlebige/persistente organische Schadstoffe (POP) berücksichtigt (UNITED NATIONS ECONOMIC COMMISSION FOR EUROPE o.J.).

Abbildung 26 illustriert die Reduktion der Stickoxid und Feinstaub Emissionen, durch die Maßnahmen des CLRTAP, in der EU im Zeitraum von 1990 bis 2014.

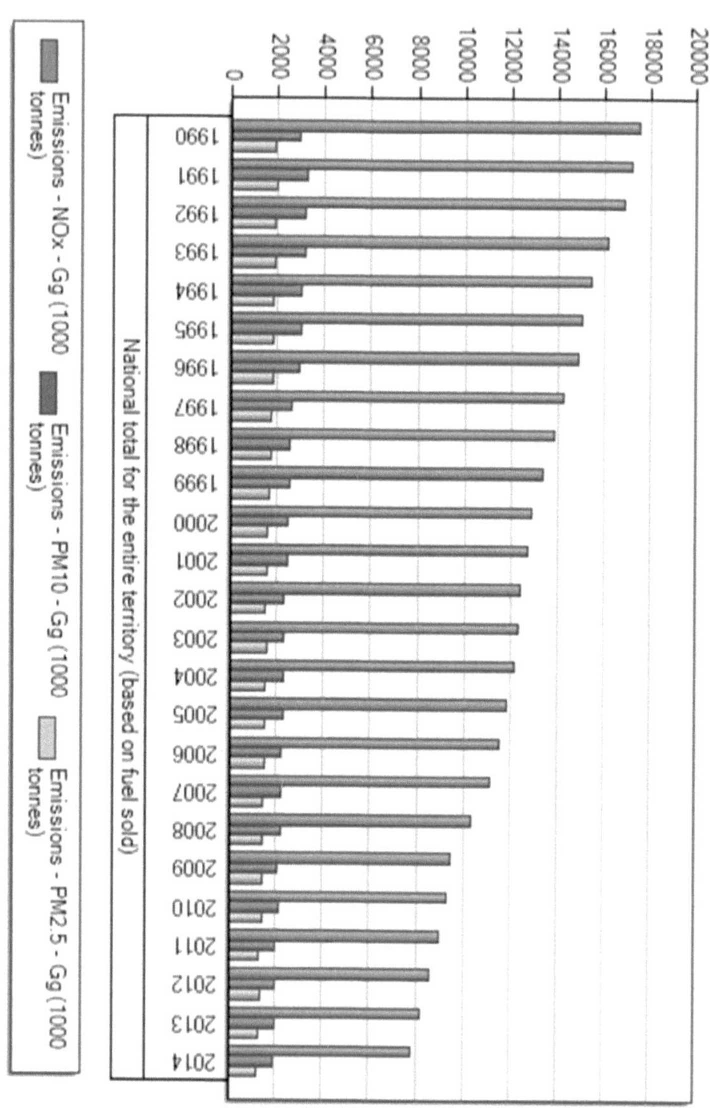

Abbildung 26: Stickoxid und Feinstaub Reduktion durch das CLRTAP

Quelle: European Environment Agency 2016

Mit der ansteigenden Luftverschmutzung im nordostasiatischen Raum durch die Volksrepublik China wächst auch hier das Interesse an einem Übereinkommen ähnlich dem des CLRTAP. Von der starken Luftverschmutzung Chinas sind vor allem Japan und Südkorea betroffen. Nicht selten werden auf dem japanischen Festland erhöhte Feinstaubwerte gemessen, die chinesischen Ursprungs sind. Da Feinstaub eine relativ lange Verweildauer in der Luft besitzt, kann er so in weit entfernte Gebiete vordringen. Es ist sogar möglich, dass Schadstoffe, die ihren Ursprung in der Volksrepublik China haben, bis nach Nordamerika oder sogar bis nach Europa transportiert werden (DING ET. AL. 2009: 2)

Nachfolgende Abbildung zeigt eine Satellitenaufnahme des Sea-viewing Wide Field-of-view Sensor (SeaWiFS) der NASA. In der Darstellung kann man die Strömungsrichtung der Schadstoffmassen aus China in Richtung Japan sehr gut erkennen.

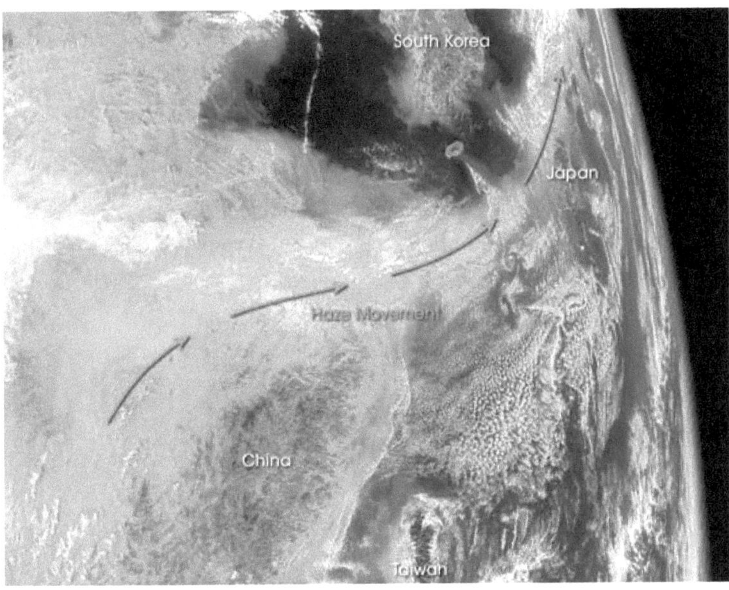

Abbildung 27: Grenzüberschreitende Luftverschmutzung

Quelle: earthobservatory.nasa.gov

Diese Bewegungen von Luftschadstoffmassen wie in Abbildung 27 sind bei den zuvor genannten meteorologischen Bedingungen möglich und stellen eine grenzüberschreitende Umweltbelastung dar.

Von der Universität Kyushu in Japan wurde ein numerisches Modell mit dem Namen Spectral Radiation Transport Model for Aerosol Species (SPRINTARS) entwickelt, mit dem es möglich ist den grenzüberschreitenden Schadstofffluss vorauszuberechnen. Mit Hilfe des Modells lässt sich feststellen, ob die Luftbelastung ausländischen Ursprungs ist. Das Modell berücksichtigt Aerosole natürlichen sowie anthropogenen Ursprungs, die in SPM, PM10 und PM2.5 klassifiziert werden, und berechnet deren Transportprozesse wie Emission, Advektion, Diffusion etc.

In Südkorea sorgt die von der Volksrepublik China herantransportierte mit Feinstaub belastete Luft für eine zusätzliche Belastung der ohnehin schon stark mit Feinstaub belasteten Luft. Im Herbst 2008 fand in der Hauptstadt Seoul eine ungewöhnlich hohe Belastung der Luft durch Feinstaub in einem Zeitraum von vier Tagen statt, die im Gegensatz zu der ansonsten sich stark verbessernden Luft in der Hauptstadt in diesem Jahr stand. LEE ET. AL. schlussfolgerten aus dieser Situation, dass die erhöhte Belastung auf schadstoffbelastete Luftmassen aus China zurückzuführen sei. Zu dieser Zeit bildete sich über dem nordöstlichen chinesischen Festland ein Tiefdruckgebiet aus, das ein Aufsteigen der stark mit Feinstaub belasteten Luftmassen bewirkte. Währenddessen fand auf der Südkoreanischen Halbinsel wie üblich im Herbst eine Hochdruckwetterlage statt. Hochdruckgebiete machen die Verteilung und Verdünnung der Luft schwierig und führen zu einer Akkumulation und zu einem Absinken von Luftschadstoffen. Diese meteorologische Situation begünstigte den Schadstofftransport von China in Richtung Südkorea und ist ein gutes Beispiel für die grenzüberschreitende Luftverschmutzung (LEE ET. AL. 2013: 431ff).

6 Lösungen und Maßnahmen

Da die urbanen Räume weltweit noch immer sehr stark mit Luftschadstoffen belastet sind und die Richtwerte der Weltgesundheitsorganisation in den überwiegenden Städten der Welt überschritten werden, wie in den vorherigen Kapiteln aufgezeigt, stellt sich nun die Frage, wie diese Belastung auf ein Minimum reduziert werden kann, um die gesundheitliche Belastung der Menschen, die in urbanen Räumen leben, möglichst gering zu halten oder komplett zu beseitigen. Es gibt eine Menge von Beispielen, die bereits umgesetzt worden sind und zu einer Reduktion in der Belastung durch Luftschadstoffe geführt haben. Diese Strategien beziehen sich auf die Bereiche der Industrie, des Transportwesens, der Stadtplanung, der Energieerzeugung und dem Management für landwirtschaftlichen und städtischen Abfall.

Im Industriebereich ist es mit dem Einsatz „sauberer Technologien" bereits gelungen, die Schadstoffemissionen zu reduzieren. In diesem Bereich wurde auch das Management des landwirtschaftlichen und städtischen Müllentsorgungssystems verbessert wie z.B. das Einfangen der Methangase, die von Müllverbrennungsanlagen emittiert werden zur Gewinnung von Biogas, anstatt der Verbrennung. Im Transportbereich ließ sich die Emission von Schadstoffen durch die Anwendung nachhaltiger Energieerzeugung ebenfalls reduzieren. Auch die Formierung von Netzwerken, die den Radverkehr und den Fussgängerverkehr förderten, trug dazu bei, dass weniger Emissionen durch den Straßenverkehr emittiert wurden durch die geringere Nutzung der Kraftfahrzeuge. Der Wechsel zu KFZ-Motoren mit einer geringen Schadstoffemission und der Einsatz von Treibstoff mit geringerem Schwefelanteil trugen ebenfalls zur Reduzierung der Luftbelastung durch Schadstoffe bei. Im Bereich der Stadtplanung wurden in vergangener Zeit ebenfalls enorme Anstrengungen unternommen, um die Luftbelastung in urbanen Räumen zu verringern. Geschehen ist das beispielsweise durch die Verbesserung der Energieeffizienz der Gebäude und die Verbesserung der Energieeffizienz der Stadt durch eine kompaktere Anordnung des städtischen Raums.

Bei der Stromerzeugung ist es zu einem verstärkten Einsatz emissionsarmer Brennstoffe und erneuerbaren Stromquellen wie Solar, Wind und Wasserkraft gekommen mit den damit verbunden Senkungen der Schadstoffemissionen. Einen Beitrag zur Reduktion der Schadstoffe leistete in diesem Bereich auch die simultane Erzeugung von Strom und Wärme (WHO 2014b: o.S.).

Die Emissionen vom KFZ-Verkehr zählen zu den Hauptverursachern der Luftverschmutzung in urbanen Räumen. Darum muss, um das Problem der Luftverschmutzung in diesem Bereich in den Griff zu bekommen, besonders versucht werden, durch neue technologische Innovationen in diesem Bereich den Schadstoffausstoß zu senken. Mit der Einführung von Kraftfahrzeugen, deren Antrieb auf der Verwendung von Elektrizität beruht, wurde bereits der erste Vorstoß unternommen, um die Emissionen des KFZ Verkehrs zu reduzieren. Da der Bedarf an Elektrizität durch die Nutzung der Elektrofahrzeuge steigt, bleibt die Frage offen, wie sich Emissionen, die bei der Generierung der Elektrizität, die für die Elektrofahrzeuge anfallen, auf die Verschmutzung der Luft in urbanen Räumen auswirken.

Ein weiterer wichtiger Faktor, der bei der Luftverschmutzung in Städten eine große Rolle spielt, ist die verminderte Dichte an Vegetation. Durch die Versiegelung des Bodens und die Rodung der Vegetation zugunsten städtischer Gebäude und Straßen vermindert sich die Filterwirkung in Hinsicht auf die Luftschadstoffe enorm. Darum wird im nächsten Kapitel näher darauf eingegangen, wie sich urbanes Grün auf die Verbesserung der Luftqualität auswirkt.

6.1 Urbane Vegetation

Einen großen Anteil an den lufthygienischen Verbesserungen von urbanen Räumen haben zweifelsohne Bäume. Je mehr Bäume sich in einer Stadt befinden, desto besser ist die Luftschadstoffbindung bzw. Neutralisation. Der U.S. Forest Service stellte die Filterwirkung eines Baum in einer Lebensspanne von 50 Jahren hinsichtlich der Luftqualitätsverbesserung in Geldeinheiten dar. Das Ergebnis ist eine Einsparung von 62.000 Dollar. Darüber hinaus produziert ein Baum in dieser Lebensspanne Sauerstoff im Wert von 31.250 Dollar (SHERER 2003: 20).

Die Luftschadstoffkontrolle durch Bäume geschieht dabei auf zwei unterschiedlichen Wegen. Hauptsächlich werden die Luftschadstoffe über die kleinen Spaltöffnungen (Stomata) im Blatt vom Baum aufgenommen und neutralisiert. Einige Gase werden jedoch direkt über die Pflanzenoberfläche gebunden. Wenn Luftschadstoffe über die Pflanzenoberfläche gebunden werden, dann ist es möglich, dass die Partikel wieder in die Atmosphäre abgegeben werden oder vom Regen abgewaschen werden. So ist es oft der Fall, dass die Bindung von Schadstoffen nur temporär stattfindet. Ein weiterer wichtiger Punkt, der die Neutralisation von Luftschadstoffen durch Bäume betrifft, ist die Blattsaison und die Größe der Blattoberfläche. Dabei gilt die Regel, je länger die Blattsaison dauert, desto größer ist das Potential der Bäume, Luftschadstoffe zu neutralisieren. Bei der Blattoberfläche ist es wichtig, dass sie möglichst groß ist, damit mehr Schadstoffe gebunden werden können (NOWAK ET. AL. 2006: 115).

Bäume sind in der Lage, diese negativen Effekte auf die menschliche Gesundheit zu mindern, indem sie die Menge der Schadstoffe in der Luft reduzieren. In städtischen Gebieten mit 100 % Baumbestand (z.B. in zusammenhängenden Waldgebieten) wurden kurzfristige Verbesserungen der Luftqualität festgestellt. Ozon wurde dabei um 15 %, Schwefeldioxid um 14 %, Feinstaub um 13 %, Stickstoffdioxid um 8% und Kohlenmonoxid um 0,05 % reduziert (NOWAK o.J.: 2).

Studien von NOWAK ET. AL., die in den Vereinigten Staaten durchgeführt worden sind, zeigen, dass es in Städten, in denen der Baumbestand hoch ist, zu einer Verminderung von Luftschadstoffen kommt. Von den in der Studie untersuchten Städten hat die Stadt Portland den größten Baumanteil, der bei 42 % liegt. In Portland wurde eine Luftqualitätsverbesserung von 1 % beim Feinstaub, 0,7 % bei Schwefeldioxid, 0,8 % bei Ozon und 0,6 % bei Stickstoffdioxid festgestellt. Demgegenüber steht die Stadt San Diego, die den geringsten Anteil an Bäumen aufweist, er liegt bei 8,6 %. Bei Feinstaub, Schwefeldioxid und Ozon wurde eine Reduktion von 0,3 festgestellt und bei Stickstoffdioxid beträgt der Rückgang 0,2 %. Diese Studie zeigt, dass ein eindeutiger Zusammenhang zwischen der Verminderung von Luftschadstoffen und der Baumdichte von Städten besteht. Nachfolgende Abbildung zeigt 11 amerikanische Städte und deren Baumanteil. Man kann gut erkennen, dass der Baumbestand einen Einfluss auf die Reduktion von Kohlenmonoxid, Stickstoffdioxid, Ozon, Feinstaub und Schwefeldioxid hat.

City	%tree cover	% air quality improvement				
		CO	NO_2	O_3	PM_{10}	SO_2
Atlanta, GA	32.9	0.002 (0.001 0.009)	0.5 (0.1 2.5)	0.7 (0.1 4.4)	0.7 (0.3 2.8)	0,7 (0.1 4.3)
Boston, MA	21.2	0.002 (0.000 0.006)	0.4 (0.0-1.8)	0.6 (0.1-3.4)	0.6 (0.1-1.8)	0.5 (0.1-3.4)
Dallas, TX	28.0	0.002 (0.001-0.008)	0.4 (0.1-2.2)	0.6 (0.1-3.9)	0.6 (0.2-2.4)	0.6 (0.1-3.8)
Denver, CO	26.0	0.001 (0.000 0.007)	0.2 (0.0-1.5)	0.3 (0.0-2.1)	0.4 (0.1-2.2)	0.3 (0.0-2.0)
Milwaukee, WI	19.1	0.001 (0.000-0.005)	0.3 (0.0-1.5)	0.4 (0.1-2.7)	0.4 (0.1-1.6)	0.4 (0.0-2.7)
New York, NY	16.6	0.001 (0.000-0.005)	0.3 (0.0-1.4)	0.4 (0.1-2.6)	0.5 (0.1-1.4)	0.4 (0.1-2.6)
Portland, OR	42.0	0.003 (0.001-0.012)	0.6 (0.1-2.7)	0.8 (0.1-3.7)	1.0 (0.3 3.5)	0.7 (0.1 4.0)
San Diego, CA	8.6	0.001 (0.000-0.002)	0.2 (0.0-0.7)	0.3 (0.0-1.4)	0.3 (0.1-0.7)	0.3 (0.0-1.4)
Tampa, FL	9.6	0.001 (0.000-0.003)	0.2 (0.0-0.8)	0.2 (0.0-1.4)	0.2 (0.1-0.8)	0.2 (0.0-1.4)
Tucson, AZ	13.7	0.001 (0.000-0.004)	0.1 (0.0-1.0)	0.1 (0.0-1.7)	0.2 (0.1-1.2)	0.1 (0.0-1.7)
Washington, DC	31.1	0.002 (0.001 0.009)	0.4 (0.2 2.3)	0.6 (0.1-3.9)	0.7 (0.2-2.6)	0.6 (0.1-3.9)

Abbildung 28: Luftqualitätsverbesserung durch Bäume in den USA

Quelle: Nowak et.al. 2006: 121

In Studien wurde festgestellt, dass sich Nadelbäume besonders gut eignen, um die Luftqualität zu verbessern. Bei den Laubbäumen sind die Arten am besten zur Luftschadstoffkontrolle geeignet, die eine möglichst raue und große Blattoberfläche aufweisen. (BECKETT ET.AL. 2000: 18)

BECKETT ET.AL. untersuchten verschiedene Baumarten auf ihre Fähigkeit, Feinstaubpartikel der Größen 10 µm und 2,5 µm zu binden. In der Studie wurden zwei verschiedene Standorte gewählt. Der erste Standort, der Withdean Park in London, ist generell einer starken Luftverschmutzung ausgesetzt durch die Tatsache, dass er direkt neben einer stark befahrenen Straße liegt. Als zweiter Standort wurde ein abgelegener Ort gewählt, der nicht so stark einer Belastung der Luft durch Schadstoffe ausgesetzt ist. Dieser Ort befindet sich auf einem Untersuchungsgelände der Universität von Sussex. In der Studie wurden fünf verschiedene Baumarten auf die Fähigkeit, Luftschadstoffe zu binden, untersucht. Die Arten, die untersucht wurden, waren: Echte Mehlbeere, Feldahorn, Hybridpappel, Schwarzkiefer und Leyland Zypresse. Es wurden Blattproben genommen und auf Feinstaubpartikel untersucht. Das Ergebnis zeigte, dass die Schwarzkiefer den anderen 7 Baumarten in der Kapazität, Luftschadstoffe zu binden, weit überlegen ist. Von den Laubbäumen wies die Echte Mehlbeere die höchste Kapazität, Feinstaubpartikel zu binden, auf.

Dachbegrünung ist ebenfalls sehr gut geeignet, um die Schadstoffkonzentrationen in urbanen Räumen zu senken. In einer Studie wurde die Bindungskapazität von 109 Hektar begrünten Dächern in Toronto auf 7,87 Tonnen jährlich geschätzt. In Modellberechnungen mit verschiedenen Begrünungsszenarien für Washington DC wurde aufgezeigt, dass durch die Begrünung von allen Dächern der Stadt 58 Tonnen Luftschadstoffe gebunden werden könnten. Untersucht und geschätzt wurde auch die Reduktion von Stickstoffdioxid in Detroit und Chicago. Mit einer Dachbegrünung von nur 20 % aller Dächer in der Stadt ließe sich die Stickstoffdioxidbelastung in Chicago um 806,48 bis 2769,89 Tonnen senken. In einer Studie aus Singapur wurde die Konzentration von Luftschadstoffen vor und nach der Installierung eines begrünten Daches mit einer Fläche von 4000 m² gemessen. Nach der Installation des begrünten Daches sanken die Werte der Luftschadstoffe über dem Dach. Die Feinstaubwerte wurden um 6 % reduziert und die Konzentrationen von Schwefeldioxid nahmen um 37 % ab (YANG ET.AL. 2008: 7267).

Eine detaillierte Studie über die Luftschadstoffneutralisation von begrünten Dächern wurde von YANG ET.AL. in Chicago durchgeführt. Untersucht wurde die Luftschadstoffbindungskapazität von grünen Dächern mit einer Fläche von 20 Hektar im Zeitraum von einem Jahr. Die Studie zeigte, dass mit den begrünten

Dächern 1675 kg Luftschadstoffe aus der Luft entfernt wurden. Bei den vier untersuchten Luftschadstoffen stellte sich heraus, dass die Aufnahme von Ozon mit 52 % am größten war. Stickstoffdioxid wurde zu 27 % gebunden, Feinstaub (PM10) zu 14 % und Schwefeldioxid zu 7 %. Die Schadstoffbindungskapazität weist dabei einen eindeutigen Jahresgang auf wie in Abbildung 29 ersichtlich ist.

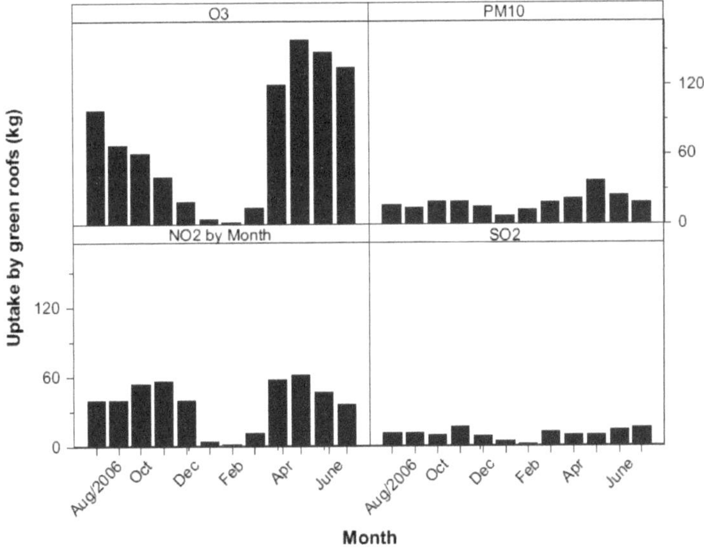

Abbildung 29: Luftschadstoffneutralisation durch Gründächer

Quelle: Yang et.al. 2008: 7270

Die Bereinigung der Luft durch die Gründächer zeigt in den Sommermonaten ein Maximum und im Winter ein Minimum, wobei die Unterschiede zwischen den Sommermonaten und Wintermonaten beim Ozon und Stickstoffdioxid am stärksten ausgeprägt sind. Generell war die Schadstoffbindungskapazität im Monat Mai am größten und im Februar am geringsten.

Eine wichtige Rolle spielen die Vegetationstypen, die auf den Gründächern vorzufinden sind. Wie in nachfolgender Abbildung zu sehen ist, haben von Gräsern, krautigen Pflanzen und Laubbäumen die Laubbäume die größte Fähigkeit, die Luftschadstoffe aus der Luft zu neutralisieren. Die Abbildung zeigt die jährliche Luftschadstoffneutralisation von verschiedenen Vegetationstypen in Chicago zwischen August 2006 und Juli 2007.

Type of vegetation	SO_2 ($g\,m^{-2}\,yr^{-1}$)	NO_2 ($g\,m^{-2}\,yr^{-1}$)
Short grass	0.65	2.33
Tall herbaceous plants	0.83	2.94
Deciduous trees	1.01	3.57

PM_{10} ($g\,m^{-2}\,yr^{-1}$)	O_3 ($g\,m^{-2}\,yr^{-1}$)	Total ($g\,m^{-2}\,yr^{-1}$)
1.12	4.49	8.59
1.52	5.81	11.10
2.16	7.17	13.91

Abbildung 30: Luftschadstoffneutralisation verschiedener Vegetationstypen

Quelle: Yang et.al. (2008): 7270

6.2 Sonstige Maßnahmen zur Luftschadstoffreduktion

6.2.1 Photokatalytischer Asphalt

Wie in den vorherigen Kapiteln schon mehrfach angesprochen worden ist, ist der KFZ-Verkehr die größte Quelle für Luftschadstoffe in urbanen Räumen. Vor allem Stickstoffoxide werden überwiegend durch den Straßenverkehr, besonders durch Dieselfahrzeuge, emittiert. Ein neuer Ansatz, dieses Problem in den Griff zu bekommen, besteht darin, den Asphalt der Straßen mit einer speziellen Beschichtung auszustatten, die dafür sorgt, dass die Stickoxide, die sich in der Umgebungsluft befinden, mittels photokatalytischem Prozess oxidiert werden. Die UV-Strahlung der Sonne trägt dazu bei, dass sich die Schadstoffe, die sich in der Luft befinden, zersetzen. Durch die Anwendung von Photokatalysatoren lässt sich dieser Prozess aber deutlich beschleunigen. Es werden, durch die auftreffende UV-Strahlung auf deren Oberfläche, hochreaktive Verbindungen produziert, die die Fähigkeit besitzen, das sich in der Umgebungsluft befindende Stickstoffdioxid und andere Schadstoffe zu zersetzen.

Praktisch umgesetzt wurde der photokatalytische Asphalt z.B. in Bergamo in der Via Borgo Palazzo. Hier wurde auf einer Länge von 500 Metern photokatalytisch aktives Pflaster verlegt mit einer Oberfläche von ca. 7000 Quadratmetern. Die Messung der Luftqualität erfolgte 160 Zentimeter über dem photokatalytischen Asphalt. Angrenzend an die Via Borgo Palazzo wurde eine Referenzmessung vorgenommen über normalem Asphalt. Die Resultate zeigen eine 44 prozentige Reduktion der Stickoxide (FLASSAK & BOLTE 2012: 54ff).

Nachfolgende Abbildung zeigt die Differenzen an den unterschiedlichen Messtagen in der Via Borgo Palazzo. Gemessen wurde der 8-Stunden-Mittelwert der Stickoxide. Das Diagramm zeigt eine eindeutige Senkung der Stickoxide an jedem Messtag. Die schwarzen Balken zeigen die Schadstoffkonzentrationen über dem photokatalytischen Asphalt und die grauen Balken die Schadstoffkonzentrationen über dem normalen Asphalt.

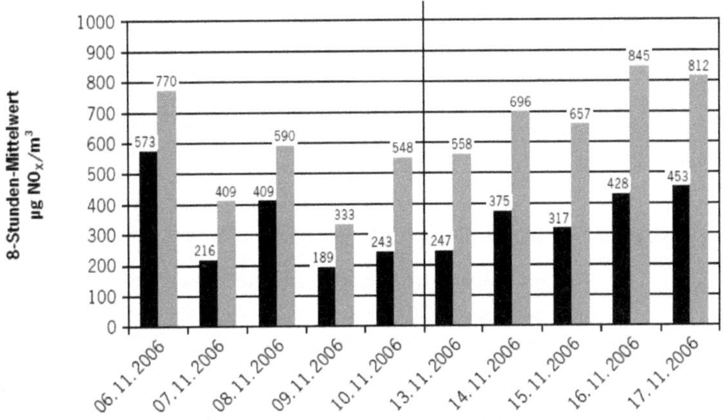

Abbildung 31: Stickoxidkonzentrationen über photokatalytisch aktivem Asphalt

Quelle: verändert nach Flassak & Bolte (2012): 56

Ein ähnliches Projekt wurde in Belgien in Antwerpen durchgeführt. Auf einer Fläche von 10.000 Quadratmetern ist photokatalytischer Asphalt verwendet worden, bei dem die oberste Schicht mit Titandioxid beschichtet worden ist. Hier hat man herausgefunden, dass die Deposition der Schadstoffe auf der Oberfläche die Fähigkeit des photokatalytischen Asphalts, Luftschadstoffe zu binden, vermindert. Durch eine regelmäßige Waschung lässt sich allerdings die Bindungskapazität wieder erhöhen. Es wurde überdies festgestellt, dass auch noch nach 5 Jahren die photokatalytische Aktivität des Asphaltes nachzuweisen ist. Die Neutralisation von Stickoxiden aus der Luft zeigte in dieser Untersuchung ebenfalls sehr zufriedenstellende Ergebnisse wie in Abbildung 32 ersichtlich ist.

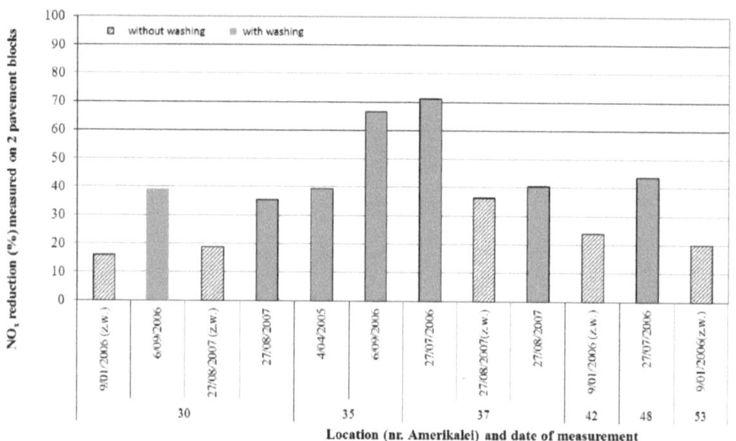

Abbildung 32: Stickoxidreduktion (%) mit/ohne Waschung der Oberfläche

Quelle: verändert nach Boonen & Beeldens (2014): 559

6.2.2 City Maut

In städtischen Gebieten versucht man mithilfe von Gebühren für den Innenstadtbereich das Verkehrsaufkommen zu verringern. Mit der Reduktion des Verkehrsaufkommens und der Animierung der Bevölkerung auf den Umstieg auf den öffentlichen Verkehr erhofft man sich außerdem eine Reduktion der vom KFZ Verkehr ausgestoßenen Schadstoffe. Es gibt mittlerweile in 14 europäischen Städten eine City Maut, acht davon befinden sich in Norwegen. Zu den europäischen Städten mit City Maut zählen: Mailand, Valletta, Göteborg, Stockholm, Durham, London, Bergen, Haugesund, Kristiansand, Namsos, Oslo, Stavanger, Tonsberg und Trondheim (EUROPEAN COMMISSION 2015b).

In London wurde die innerstädtische Gebührenerhebung (London Congestion Charge) im Jahre 2003 eingeführt. Ziel war nicht die Senkung der Luftschadstoffe, sondern die Reduzierung des Verkehrsaufkommens um Staubildungen zu vermeiden. Laut dem Bericht von TRANSPORT FOR LONDON wurden Verbesserungen in der Luftqualität festgestellt, die aus einem geringerem Verkehrsaufkommen und einer besseren Effizienz in der Bewegung des übrigen Verkehrs resultierte. Von 2003 bis 2006 stellte man eine Senkung der Stickoxide um 17% und des Feinstaubs (PM10) um 24 % fest. Nicht ganz klar ist, welcher Anteil der Senkung der Schadstoffe der Gebührenerhebung mit dem damit verbundenen reduzierten Verkehrsaufkommen zuzuschreiben ist und welcher Anteil anderen Faktoren wie z.B. der andauernden Verbesserung der Fahrzeugmotoren mit dem damit reduzierten Emmissionsausstoß zuzuschreiben ist (TRANSPORT FOR LONDON 2007: 67ff).

BEEVERS & CARSLAW stellten auch eine Senkung des Feinstaubs und der Stickoxide durch die Londoner Staugebühr fest. Beim Feinstaub betrug die Reduktion 11,9 % und bei den Stickoxiden 12 %. Bei dieser Studie wurde die andauernde Verbesserung der Fahrzeugtechnologie berücksichtigt. Rechnet man diese Verbesserungen mit ein, so kommt es bei den Stickoxiden und beim Feinstaub jeweils zu einer Reduktion um 15,9 %.

Die Studie von ATKINSON ET. AL. kommt jedoch zu einem anderen Schluss. Sie untersuchte, welche Auswirkungen die Londoner Staugebühr auf die Verschmutzung der Luft durch Stickoxide, Stickstoffmonoxid, Stickstoffdioxid, Feinstaub, Kohlenmonoxid und Ozon hat. Es konnten keine eindeutigen Hinweise gefunden werden, dass die Londoner Staugebühr die Luftqualität in der Innenstadt und darum herum signifikant verbessert.

Aber nicht nur auf dem europäischen Kontinent, sondern auch in der Volksrepublik China in der Hauptstadt Peking bedient man sich an Methoden, die den innerstädtischen Verkehr einschränken. Eine Methode, die hier angewendet wird, ist die Fahrbeschränkung an einem Tag für Kraftfahrzeuge mit gerader Zahl auf dem Nummernschild und an einem anderen Tag die Fahrbeschränkung mit ungerader Zahl auf dem Nummernschild. Studien zur Auswirkung auf die Luftverschmutzung in der Hauptstadt fehlen aber hier noch.

6.2.3 Tempolimits

Tempolimits werden dazu verwendet, um Luftschadstoffe in der Nähe von stark befahrenen Straßen wie z.B. Autobahnen zu reduzieren. Eine Studie von DIJKEMA ET. AL. aus den Niederlanden untersuchte die Auswirkungen, die eine Geschwindigkeitsreduktion von 100 km/h auf 80 km/h auf die Konzentrationen von Feinstaub PM10/PM1 und Stickoxide hat. Die Geschwindigkeitsbeschränkung wurde im November 2005 auf einem Streckenabschnitt der Amsterdamer Autobahn verhängt. Die Amsterdamer Autobahn (A10) besitzt sechs Spuren und ist üblicherweise stark ausgelastet. Am westlichen Teil der Autobahn befinden sich direkt an diesen angrenzend Apartments, die sich innerhalb von 20 Metern Nähe zur Autobahn befinden. Diese Apartmentblöcke rechts und links bilden eine Straßenschlucht mit der damit verbundenen Ansammlung von Luftschadstoffen. Für den Teil der Bevölkerung, der in diesen Apartments wohnen muss, ergeben sich starke negative Auswirkungen auf die Gesundheit, verursacht durch die erhöhten Konzentrationen an Schadstoffen. Auf diesem Streckenabschnitt, der sechs Kilometer beträgt, wurde die Geschwindigkeitsbegrenzung von 80 km/h verhängt. Es wurde eine Senkung von 2,20 µg/m³ beim Feinstaubs PM10 und 0,42 µg/m³ beim Feinstaub PM1 festgestellt. Bei den Stickoxiden hat man hingegen keine Reduktion beobachtet. Es gab jedoch auch einen Rückgang des Feinstaubs PM10 um 0,97 µg/m³ auf einem ähnlichen Streckenabschnitt, auf dem die Geschwindigkeitsbeschränkung nicht verhängt wurde. Hier waren die Reduktionen allerdings nicht so stark wie auf dem Abschnitt, auf dem die Beschränkung festgelegt worden ist, sodass davon auszugehen ist, dass die Reduktion der Geschwindigkeit von 100 auf 80 km/h eine Verbesserung hinsichtlich der Feinstaubbelastung bringt. Achtgegeben wurde bei der Studie auch auf die meteorologischen Verhältnisse zum Zeitpunkt, an dem die Studie durchgeführt worden ist. Mit Kontrollmessungen an verschiedenen Punkten in der Stadt ist hier sichergestellt worden, dass die Reduzierung der Luftschadstoffe allein auf dem Tempolimit von 80 km/h beruht.

Ob eine Geschwindigkeitsreduktion von 120 km/h auf 80 km/h auf Autobahnen einen Einfluss auf die Ozonkonzentrationen in der Luft hat, untersuchte eine Studie aus der Schweiz. Es konnte nur eine Senkung der Ozonkonzentrationen um 1% festgestellt werden. Auch in Deutschland, in Berlin konnten keine großen Reduktionen der Ozonkonzentrationen in der Luft festgestellt werden, wenn das Tempo auf 80 km/h reduziert wurde. Die Reduktion betrug hier weniger als 4%. Bei den Stickoxiden stellte man hingegen eine Senkung um 10% fest. Eine Reduktion des Tempolimits wirkt sich also nur minimal auf die Ozonkonzentrationen aus und kann somit, wenn es auf die Reduzierung dieses Schadstoffes ankommt, nach gegenwärtiger Studienlage vernachlässigt werden (KELLER ET. AL. 2007: 9f).

Nicht nur die Fahrtgeschwindigkeit ist ausschlaggebend für die Höhe der Schadstoffemissionen, sondern auch das Fahrverhalten wie beispielsweise die Beschleunigung. Eine aggressive Fahrweise kann die Stickoxidemissionen um 20-150% erhöhen (INT PANIS ET. AL. 2006: 271).

7 Diskussion

Die Ergebnisse der Analyse zur weltweiten Luftverschmutzung in urbanen Räumen basieren im Falle des Luftschadstoffes Feinstaub, wie im fünften Kapitel bereits erwähnt, auf einer Studie der WHO. Diese Studie ist die zurzeit umfangreichste zur Feinstaubbelastung in urbanen Räumen. Inwieweit die Studie nun wirklich repräsentativ für die Bevölkerung urbaner Räume ist, lässt sich nur schwer abschätzen. So überschreiten beispielsweise die Städte in den Vereinigten Staaten die Richtwerte der WHO zwar nicht, da aber nur die Daten von Wohngebieten, dem suburbanen Raum und Gewerbegebieten herangezogen werden, wird die erhöhte Belastung in der Nähe von Hauptverkehrsstraßen und in Kernzonen der Innenstädte nicht berücksichtigt. Diese Exposition stellt aber einen bedeutenden Faktor für die Menschen, die in urbanen Räumen leben, dar. Da ein großer Anteil der Bevölkerung in städtischen Gebieten einen nicht unerheblichen Anteil der Zeit sich in Bereichen der Kernzonen der Innenstädte und damit auch in der Nähe von stark befahrenen Straßen aufhält, ist die Exposition gegenüber Feinstaub deutlich erhöht. So entsteht eine viel stärkere Belastung für die Bevölkerung, die sich negativ auf die Gesundheit auswirkt. Auch kurzfristige Expositionen werden nicht berücksichtigt, diese zeigen aber bei einer stark erhöhten Konzentration von Feinstaub bereits in kurzer Zeit negative Auswirkungen auf die menschliche Gesundheit. Repräsentativer wäre beispielsweise, von jedem städtischen Nutzungstyp Luftgütedaten zu verwenden und diese mit den Richtwerten zu vergleichen. Zu der Studie der WHO ist noch hinzuzufügen, dass es nach Abschluss dieser Studie zu einer Aktualisierung der Datenbank gekommen ist und die WHO nun 3000 urbane Räume weltweit auf den Feinstaubgehalt in der Atemluft hin untersucht hat. Diese um 1400 städtische Gebiete erweiterte Datenbank wurde um einige Länder wie z.B. Nigeria erweitert. In der neuen Analyse reiht sich die nigerianische Stadt Onitsha nun an erster Stelle als die am stärksten mit Feinstaub belastete Stadt ein. Grundsätzlich ergibt sich aber auch mit dem Update auf die 3000 urbanen Räume dasselbe Bild. Die Städte im Mittleren Osten, die chinesischen Metropolen und indischen Metropolen sind die urbanen Räume, die die höchsten Feinstaubkonzentrationen in der Luft aufweisen.

Die Daten der weltweiten Stickstoffdioxidanalyse der NASA, die mit Hilfe des Ozone Monitoring Instrument aufgezeichnet wurden, zeigen die Stickstoffdioxidbelastung der urbanen Räume nur indirekt auf. Der Luftschadstoff wurde hier nur in der Troposhäre aufgezeichnet und gibt daher nicht die Belastung direkt in den urbanen Räumen in Bodennähe wieder, die natürlich noch durch die mikroklimatischen Verhältnisse modifiziert werden können. Eine Vergleichsstudie, wie die im Falle der Studie über die Feinstaubbelastung der WHO, fehlt hier bzw. ist in diesem Umfang noch nicht durchgeführt worden.

Im Falle der Grenzwerte bleibt die Frage offen, warum es zwischen den verschieden Ländern so deutliche Differenzen zu verzeichnen gibt und warum die Grenzwerte nicht gleichgesetzt werden mit den Richtwerten der WHO. Natürlich spielen bei der Festlegung dieser die wirtschaftlichen und technologischen Interessen der Nationen eine große Rolle. Das zeigt sich besonders im Falle der Volksrepublik China, die als aufstrebende Wirtschaftsmacht den Spagat zwischen der Produktion von Gütern mit dem damit verbundenen Schadstoffausstoß und einer sauberen Umwelt zu bewältigen hat. Die Grenzwerte in Europa, den Vereinigten Staaten und der Volksrepublik China sind jedenfalls in fast allen Fällen zu hoch angesetzt und es entstehen dadurch zwangsläufig gesundheitliche Probleme für die Bevölkerung.

Betrachtet man die Maßnahmen, die bis zum jetzigen Zeitpunkt ergriffen worden sind um die Luftverschmutzung in den urbanen Räumen in den Griff zu bekommen, so lässt sich festhalten, dass bisher zu wenig unternommen worden ist um das Problem zu lösen. Die Werte der Luftschadstoffe in den urbanen Räumen sind immer noch zu hoch und überschreiten die Richtwerte der Weltgesundheitsorganisation. Urbanes Grün bindet zwar Luftschadstoffe, jedoch ist diese Neutralisation der Luftschadstoffe nicht ausreichend um die Schadstoffwerte auf ein akzeptables Niveau zu senken. Es gibt nur wenig neue Ansätze um das Problem in den Griff zu bekommen. Die Beschichtung des Asphalts mit photokatalytischem Material beispielsweise ist zwar eine vielversprechende Methode um den Luftschadstoff Stickstoffdioxid zu senken, sie ist aber noch kaum verbreitet. City Maut und temporäre Fahrbeschränkungen resultieren laut Studien nur in einer eher geringen Senkung der Luftschadstoffe. Zudem schränken sie die Mobilität der Bevölkerung stark ein. Ob eine Forcierung und Attraktivitätssteigerung des öffentlichen Verkehrs zu einer Senkung der Schadstoffe führt, lässt sich schwer abschätzen. Vielversprechend für eine Reduktion der Stickoxide aus dem Straßenverkehr wäre die Umstellung der Kraftfahrzeuge auf einen Antrieb, der auf Elektrizität beruht. Die Herausforderungen hierbei bestehen in der Bereitstellung der hohen Menge an Elektrizität, die, um eine saubere Umwelt zu garantieren, möglichst aus erneuerbaren Energien stammen sollte. Wann und ob die Bereitstellung dieser Energiemassen zu bewältigen sein wird, bleibt aber abzuwarten.

8 Zusammenfassung

Die Luftqualität in urbanen Räumen wird durch viele unterschiedliche Faktoren beeinflusst. Das städtische Klima und die Beschaffenheit des Stadtkörpers spielen eine entscheidende Rolle bei der Ausbreitung der Luftschadstoffe. Die problematischste Quelle für Luftschadstoffe in urbanen Räumen stellt der städtische Verkehr dar. Kraftfahrzeuge sorgen für einen starken Anstieg von luftverunreinigenden Substanzen in der Luft und sind der Hauptverursacher für die schlechte Luft in urbanen Räumen.

Luftschadstoffe sind Auslöser für zahlreiche gesundheitliche Probleme. Sie führen zu Erkrankungen des Atmungssystems, des Herz-Kreislaufsystems und des Nervensystems. Dabei hat die Konzentration der Schadstoffe in der Atemluft, die Dauer der Exposition und die individuelle Empfindlichkeit Einfluss auf die gesundheitlichen Auswirkungen, die von Luftschadstoffen zu befürchten ist. Zu den Personengruppen mit einem besonders großen Risiko zählen ältere Menschen, Kinder und Personen mit bereits bestehenden Krankheiten. Schlaganfälle und Herzkrankheiten zählen dabei zu den am häufigsten beobachteten Krankheiten, die in Zusammenhang mit einer erhöhten Belastung der Luft durch Luftschadstoffe stehen.

Luftschadstoffgrenzwerte werden individuell von den einzelnen Ländern festgelegt. Als Orientierung dienen hier die Richtwerte der WHO, die festlegen, ab welcher Konzentration von Luftschadstoffen gesundheitliche Konsequenzen zu befürchten sind. Die Grenzwerte zwischen Europa, den USA und der Volksrepublik China fallen recht unterschiedlich aus. Die höchsten Grenzwerte findet man in China. Vor allem die Grenzwerte für Feinstaub sind sehr hoch und überschreiten die Richtwerte der WHO teilweise sehr deutlich.

Die von der Weltgesundheitsorganisation durchgeführte Studie über die Feinstaubbelastung in 1600 urbanen Räumen weltweit zeigte ein eindeutiges Bild. Die Mehrheit der Städte weltweit weist Feinstaubkonzentrationen auf, die sich negativ auf die menschliche Gesundheit auswirken. Besonders betroffen sind hier die urbanen Räume im Mittleren Osten. Die Städte Pakistans weisen dabei die höchsten Konzentrationen an Feinstaub auf. Eine geringere Feinstaubbelastung findet man dagegen in den Skandinavischen Ländern und in den USA. Hier werden die Richtwerte der WHO überwiegend eingehalten. Die Stickstoffdioxidkonzentrationen zeigen einen Rückgang über Europa und den USA, nicht aber über der Volksrepublik China. Starke Anstiege des Schadstoffs gibt es vor allem im

Osten des Landes zu verzeichnen. Die Belastung durch Stickstoffdioxid bessert sich allerdings über der Hauptstadt Peking.

Bei den Lösungen und Maßnahmen zur Reduktion der Luftverschmutzung in städtischen Gebieten zeigte sich, dass urbanes Grün geeignet ist, die Luftverschmutzung einzudämmen. Bäume weisen eine hohe Schadstoffbindungskapazität auf und sind somit geeignet, die Luft von Schadstoffen zu reinigen. Es zeigte sich außerdem, je mehr Bäume sich in einer Stadt befinden umso größer ist die Luftschadstoffneutralisation. Nadelbäume sind dabei am besten geeignet, die Luftverschmutzung zu reduzieren. Bei den Laubbäumen sind die Arten am besten zur Luftschadstoffkontrolle geeignet, die eine möglichst raue und große Blattoberfläche aufweisen. Dachbegrünung ist ebenfalls gut geeignet um die Luftverschmutzung in urbanen Räumen zu senken. Eine Studie aus Chicago zeigte eine Reduzierung der Luftschadstoffe um 1675 Kilogramm in einem Jahr bei 20 Hektar begrünter Dächer. Dabei eignen sich Gründächer vor allem um die Luftschadstoffe Ozon und Stickstoffdioxid zu reduzieren. Eine neue Methode, um die Luftverschmutzung in urbanen Räumen zu reduzieren, ist die Beschichtung des Asphalts mit photokatalytischem Material. Diese Methode zur Luftschadstoffreduktion eignet sich besonders um den Luftschadstoff Stickstoffdioxid zu neutralisieren. Ergebnisse von Studien zeigen eine deutliche Senkung des Luftschadstoffs. City Mauts und Tempolimits bringen hingegen nur eine mäßige Senkung der Luftschadstoffe.

9 Literatur

Atkinson R., Barrat B., Armstrong B., Anderson H., Beevers S., Mudway I., Green D., Derwent R., Wilkinson P., Tonne C., Kelly F. (2009): The impact of the congestion charging scheme on ambient air pollution concentrations in London, Atmospheric Environment 43, S5493–5500, Elsevier

Baumbach G. (1994): Luftreinhaltung: Entstehung, Ausbreitung Und Wirkung Von Luftverunreinigungen - Meßtechnik, Emissionsminderung Und Vorschriften, Dritte Auflage Springer Verlag, Berlin, Heidelberg

Basler Zeitung (2015): Mailand verbietet wegen Smog drei Tage lang Autofahren
URL: *http://bazonline.ch/panorama/vermischtes/Mailand-verbietet-wegen-Smog-drei-Tage-lang-Autofahren/story/11049060*

Beckett P., Freer-Smith P., Taylor G. (2000): Effective Tree Species for local Air Quality Management; Journal of Arboriculture 26

Beevers S., Carslaw D. (2005): The impact of congestion charging on vehicle emissions in London, Atmospheric Environment 39, S1–5, Elsevier

Bell et. al. (2007): Climate change, ambient ozone, and health in 50 US cities; Climatic Change 82, S61–76, Springer

Boonen E., Beeldens A. (2014): Recent Photocatalytic Applications for Air Purification in Belgium; Coatings 2014, 4, 553-573

Boubel R., Fox D., Turner B., Stern A. (1994): Fundamentals of Air Pollution; Third Edition; Academic Press

Chen et. al. (2012): Association of Particulate Air Pollution With Daily Mortality,

The China Air Pollution and Health Effects Study; American Journal of Epidemiology,

Dijkema M., Van der Zee S., Brunekreef B., Van Strien R. (2008): Air quality effects of an urban highway speed limit reduction, Atmospheric Environment 42, S9098–9105, Elsevier

Ding et. at. (2009): Transport of north China air pollution by midlatitude cyclones:

Case study of aircraft measurements in summer 2007; Journal of Geophysical Research, Vol. 114

European Commission (2015a): Air Quality Standards
URL: *http://ec.europa.eu/environment/air/quality/standards.htm*

European Commission (2015b): Urban Access Regulation in Europe
URL: *http://urbanaccessregulations.eu/urban-road-charging-schemes/overview-of-urban-road-charging-schemes*

European Environment Agency (2015): Exceedance of Air Quality Limit Values in urban Areas
URL: *http://www.eea.europa.eu/data-and-maps/indicators/exceedance-of-air-quality-limit-3/assessment-1*

European Environment Agency (2016): Dispersal of Air Pollutants
URL: *http://www.eea.europa.eu/publications/2599XXX/page005.html*

Environment Protection Agency (2015a): Particulate Matter
URL: *http://www3.epa.gov/pm/*

Environment Protection Agency (2015b): Ozone Pollution
URL: *https://www.epa.gov/ozone-pollution*

Environment Protection Agency (2015c): Sulfur Dioxide (SO2) Pollution
URL: *https://www.epa.gov/so2-pollution*

Environment Protection Agency (2015d): National Ambient Air Quality Standards
URL: *http://www3.epa.gov/ttn/naaqs/criteria.html*

Environment Protection Agency (2016): National Trends in Ozone Levels
URL: *https://www3.epa.gov/airtrends/ozone.html*

European Environment Agency (o.J.): Die Umwelt in Europa: der zweite Lagebericht, Kapitel 5. Troposphärisches Ozon
URL: *http://www.eea.europa.eu/de/publications/92-828-3351-8/5de.pdf*

European Environment Agency (2016): Air pollutant emissions data viewer (LRTAP Convention)
URL: *http://www.eea.europa.eu/data-and-maps/data/data-viewers/air-emissions-viewer-lrtap*

Europäische Umweltagentur (2015): Annual mean of the daily maximum 8 hours-average ozone concentrations by station type
URL: *http://www.eea.europa.eu/data-and-maps/daviz/annual-mean-ozone-concentrations#tab-chart_1*

Fabian P. (1992): Atmosphäre und Umwelt: chemische Prozesse, menschliche Eingriffe, Ozon-Schicht, Luftverschmutzung, Smog, Saurer Regen. Vierte erweiterte und aktualisierte Ausgabe. Springer

Flassak T., Bolte G. (2012): Saubere Luft dank Photokatalyse, Messbarer Beitrag photokatalytisch aktiver Bauprodukte zur Luftreinhaltung; 02.12 Immissionsschutz 17. Jahrgang Juni 2012, Zeitschrift für Luftreinhaltung, Lärmschutz, Anlagensicherheit, Abfallverwertung und Energienutzung; Erich Schmidt Verlag

Gab G. (o.J.): Untersuchungen zum Mikroklima von Bad Neuenahr-Ahrweiler
URL: *http://www.kreis-ahrweiler.de/kvar/VT/hjb1983/hjb1983.26.htm*

Gauderman et. al. (2005): Childhood Asthma and Exposure to Traffic and Nitrogen Dioxide, Epidemiology, Volume 16, Number 6

Geo-Net Umweltconsulting (o.J.): Leitfaden zur Berücksichtigung klimatischer Ausgleichsfunktionen in der räumlichen Planung am Beispiel der Regionen Mittlerer Oberrhein und Nordschwarzwald
URL:*http://www.klimamoro.de/fileadmin/Dateien/Ver%C3%B6ffentlichungen/Publikatione_aus_den_Modellregionen/Mittlerer_Oberrhein_Norschwarzwald_Leitfaden.pdf*

Helbig A., Baumüller J. (1999): Stadtklima und Luftreinhaltung; 2.Auflage; Springer

Gab G. (o.J.): Untersuchungen zum Mikroklima von Bad Neuenahr-Ahrweiler

Henninger S. (2011): Stadtökologie, Bausteine des Ökosystems Stadt; Verlag Schöningh, UTB

Hupfer P., Kuttler W. (2005): Witterung und Klima: Eine Einführung in die Meteorologie und Klimatologie, Eine Einführung in die Meteorologie und Klimatologie; 11 Auflage; Teuber Verlag; Wiesbaden

Int Panis L., Broekx S., Liu R. (2006): Modelling instantaneous traffic emission and the influence of traffic speed limits, Science of the Total Environment 371, S270–285, Elsevier

Kampa M., Castanas E. (2008): Human health effects of air pollution, Environmental Pollution 151, S362-367

Keller J., Andreani-Aksoyoglu S., Tinguely M., Flemming J., Heldstab J., Keller M., Zbinden R., Prevot A. (2007): The impact of reducing the maximum speed limit on motorways in Switzerland to 80 km/h on emissions and peak ozone, Environmental Modelling & Software, S1-11, Elsevier

Kommission Reinhaltung der Luft (1988): Stadtklima und Luftreinhaltung, Ein wissenschaftliches Handbuch für die Praxis in der Umweltplanung; Springer

Lahmann E. (1990): Luftverunreinigung – Luftreinhaltung, Eine Einführung in ein interdisziplinäres Wissensgebiet; Verlag Paul Parey, Berlin und Hamburg

Lee S., Ho C., Lee Y., Choi H., Song C. (2013): Influence of transboundary air pollutants from China on the highPM10 episode in Seoul, Korea for the period October 16L20, 2008; Atmospheric Environment 77 S430-439; Elsevier

Long Y., Wang J., Wu K., Zhang J. (2014): Population Exposure to Ambient PM2.5 at the Subdistrict Level in China.

Malberg H. (2002): Meteorologie und Klimatologie; Vierte, aktualisierte und erweiterte Auflage, Springer-Verlag: Berlin Heidelberg

Ministry of Environmental Protection of the Peoples Republic of China (2016a): Ambient air quality standards
URL:http://kjs.mep.gov.cn/hjbhbz/bzwb/dqhjbh/dqhjzlbz/201203/t20120302_224165.htm

Ministry of Environmental Protection of the Peoples Republic of China (2016b): Technical Regulation on Ambient Air Quality Index (on trial)
URL:*http://kjs.mep.gov.cn/hjbhbz/bzwb/dqhjbh/jcgfffbz/201203/t20120302_224166.htm*

Ministry of Environmental Protection of the Peoples Republic of China (2016c): Air Pollution Prevention and Control Action Plan URL: *http://www.gov.cn/zwgk/2013-09/12/content_2486773.htm*

Nowak D., Crane D., Stevens J. (2006): Air pollution removal by urban trees and shrubs in the United States; Urban Forestry & Urban Greening 4,115-123; Elsevier

Oberfeld G. (2005): Auswirkungen der Luftschadstoffe auf die menschliche Gesundheit; Amt der Salzburter Landesregierung, Landessanitätsdirektion, Referat Umweltmedizin

Samet et. al. (2000): Fine Particulate Air Pollution and Mortality in 20 U.S. Cities, 1987-1994; The New England Journal of Medicine, Volume 343, Number 24

Spektrum (2001): Lexikon der Geographie, Stadtgrenzschicht; Spektrum Akademischer Verlag, Heidelberg *URL:www.spektrum.de/lexikon/geographie/stadtgrenzschicht/7535*

Spiegel Online (2016): Geschäftssinn: Australische Firma verkauft Chinesen Luft in Dosen URL: *http://www.spiegel.de/panorama/gesellschaft/smog-in-china-australische-firma-verkauft-luft-in-dosen-a-1090447.html*

Transport for London (2007): Central London Congestion Charging, Impacts monitoring Fifth Annual Report, July 2007

Umweltbundesamt (o.J.): Luftschadstoffe *URL:http://www.umweltbundesamt.at/umweltsituation/luft/luftschadstoffe/*

Umweltbundesamt (2015): Feinstaub URL:*http://www.umweltbundesamt.de/themen/luft/luftschadstoffe/feinstaub*

United Nations Economic Commission for Europe (o.J.) URL: *http://www.unece.org/env/lrtap/30anniversary.html*

Vallero D. (2008): Fundamentals of Air Pollution. Fourth Edition. Elsevier

WHO (2000): Air Quality Guidelines for Europe. Second Edition. WHO Regional Publications, European Series, No. 91

WHO (2003): Health Aspects of Air Pollution with Particulate Matter, Ozone and Nitrogen Dioxide. Report on a WHO Working Group Bonn, Germany 13–15 January 2003

WHO (2004): Health Aspects of Air Pollution, Results from the WHO Project „Systematic Review of Health Aspects of Air Pollution in Europe"

WHO (2006): WHO Air quality guidelines for particulate matter, ozone, nitrogen dioxide and sulfur dioxide, Global Update 2005, Summary of Risk Assessment

WHO (2013): Health effects of particulate matter, Policy implications for countries in eastern Europe, Caucasus and central Asia

WHO (2014a): 7 million premature deaths annually linked to air pollution, *URL:http://www.who.int/mediacentre/news/releases/2014/air-pollution/en/*

WHO (2014b): Ambient (outdoor) air quality and health; Fact sheet No313 URL: *http://www.who.int/mediacentre/factsheets/fs313/en/*

WHO (2014c): Ambient (outdoor) air pollution in cities database 2014 URL: *http://www.who.int/phe/health_topics/outdoorair/databases/cities-2014/en/*

Witten J. (o.J.): Stickstoffdioxid (NO2), Quellen – Emissionen – Auswirkungen auf Gesundheit und Ökosystem – Bewertungen – Immissionen; Hessisches Landesamt für Umwelt und Geologie (Hrsg.) *URL:http://www.hlnug.de/fileadmin/dokumente/luft/faltblaetter/NO2_Broschuere.pdf*

Yang J., Yu Q., Gong P. (2008): Quantifying air pollution removal by green roofs in Chicago; Atmospheric Environment 42, S7266–7273; Elsevier

Zardi D., Whiteman D. (2012): Diurnal Mountain Wind Systems; Submitted as Chapter 2 in "Mountain weather research and forecasting" (Chow, F. K., S. F. J. DeWekker, and B. Snyder (Eds.)) Springer, Berlin

Zeit Online (2015): In Peking gilt erstmals höchste Smog-Alarmstufe URL: *http://www.zeit.de/gesellschaft/zeitgeschehen/2015-12/smog-china-alarmstufe-rot-luftverschmutzung*